装备科技译著出版基金

基于惯性技术的
波浪能转换器

ISWEC:a Gyroscopic Wave Energy Converter

［意大利］Giovanni Bracco　著

刘丽　周宇英　译

国防工业出版社

·北京·

著作权合同登记　图字:军-2014-201 号

图书在版编目(CIP)数据

基于惯性技术的波浪能转换器／（意）布拉科（Bracco, G.）著;刘丽,周宇英译.一北京:国防工业出版社,2015.7
书名原文：ISWEC:a Gyroscopic Wave Energy Converter
ISBN 978-7-118-10052-5

Ⅰ.①基... Ⅱ.①布... ②刘... ③周... Ⅲ.①波浪能—海浪发电—转换器 Ⅳ.①TM612

中国版本图书馆 CIP 数据核字(2015)第 159240 号

※

国防工业出版社 出版发行
（北京市海淀区紫竹院南路 23 号　邮政编码 100048）
腾飞印务有限公司印刷
新华书店经售

*

开本 880×1230　1/32　印张 4　字数 104 千字
2015 年 7 月第 1 版第 1 次印刷　印数 1—2000 册　定价 60.00 元

（本书如有印装错误,我社负责调换）

国防书店：(010)88540777　　　发行邮购：(010)88540776
发行传真：(010)88540755　　　发行业务：(010)88540717

译 者 序

开发波浪能发电是当今世界各国海洋开发探索的技术热点之一。有助于沿海岛屿的开发利用,有助于提高我国海洋蓝色经济开发的能力,符合我国有效利用清洁、可再生能源的国家能源战略发展方针。对提高我国海洋资源开发能力,建设海洋强国意义重大。开发利用波浪能研究在我国越来越受到重视,但目前尚未找到一条有效的技术途径,尚处于探索摸索阶段。

惯性波浪能转换技术,是一种极具特色的波浪能开发利用新兴技术。惯性波浪能转换器,是基于高速旋转转子特有的陀螺力效应原理,通过巧妙的结构设计和方法从海浪中提取波浪能。惯性波浪能转换器转换的波浪功率与波浪频率平方成正比,这种波浪能开发技术对短周期海浪波浪能具有较高的转换效率,适用于内海(如地中海,波浪虽然不大,但波浪频率较高);其次,惯性波浪能转换装置完全封闭在浮子壳体内,没有活动部件与海水直接接触,降低了对设备制造材料的要求,有利于提高整个系统抗海水腐蚀的能力;便于浮子及系泊装置设计,有利于整个系统抗浪能力、抗台风等恶劣海况能力的提高,具有较强的海洋环境系统生存能力。

本书译自 Giovanni Bracco 所著的 ISWEC:a Gyroscopic Wave Energy Converter,是一本论述惯性波浪能转换技术的专著。原著详细介绍了基于惯性技术的波浪能转换装置(ISWEC)的研究开发过程,系统地阐述了惯性波浪能转换技术的基本理论、工程设计及实现方法、研究进展及应用发展前景。希望能对我国从事波浪能发电技术研究及开发利用的科研工程人员及相关院校的师生有所帮助。

本书的翻译得到装备科技译著出版基金的资助，在翻译过程中，王晓东、马军和张雪做了大量工作，在此深表感谢。

限于译者水平有限，加上时间紧迫和相关资料较少，书中难免存在翻译错误和不妥之处，恳请各位朋友和专家批评指正。

目　录

第1章 引 言

自20世纪70年代,欧洲就开始了对波浪能的调查和研究。1974年,爱丁堡大学的Stephen Salter教授提出了一种早期的波浪能转换器,他将其称之为"鸭子"(Duck)[1]。从那时起,许多波浪发电装置被提出,并且其中有些已经实现商业化。本章将对波浪能资源及一些典型波浪能转换器进行介绍。

1.1 波浪能资源

水面在风的吹拂下形成波浪,但波浪生成机理十分复杂,至今尚未被彻底研究清楚。目前将波浪生成过程归纳、总结为3个主要步骤[2]:

(1)吹拂的风形成一个水面切线压力,从而产生波浪并持续增强形成的波浪;

(2)大气湍流产生压力和剪应力波动,若剪应力波动与波浪同相,则将产生更多的波浪;

(3)当波浪形成一定规模,风将在波浪的迎风面作用一个更大的力,从而使波浪进一步生长。

波浪能由风能产生,而风能原本从太阳能产生,故波浪能可视为太阳能的存储。功率密度大约为100W/m²(平均每天)[3]的太阳能,最终可转化为功率密度超过100kW/m的波浪能(说明:波浪能功率密度单位为kW/m,太阳能功率密度单位为W/m²)。波浪是一种有效的能量传输方式:风暴能在当地生成波浪,并形成涌浪从而长距离传播。波浪的特性由3个因素决定:风速、持续时间和风浪区。风浪区指风吹过而将能量传递到水上的距离。

一个规则波可用它的波高 H、周期 T 及波长 λ 来描述。波高 H 为波峰和波谷间的垂直距离。波长 λ 为波的传播方向上两波峰之间的水平距离。波周期 T 为两个连续的波峰通过一个固定点所需的时间。规则波形状是正弦曲线形,可以由式(1-1)描述。式(1-1)中,x 是沿波传播方向的坐标,z 是相对于静水面的波高。角频率 $\omega = 2\pi/T$ 及波数 $K = 2\pi/\lambda$,从时间和空间上定义了波的周期性。波峰速度 v 等于波长 λ 除以波周期 T。

$$z(x,t) = \frac{H}{2}\sin(\omega t - Kx) \qquad (1-1)$$

根据线性波浪理论[4-7],正弦波的波能功率密度 P_D 可由式(1-2)计算。如果 P_D 以单位波峰宽度的波浪功率表示,则它近似等于波高的平方乘以波的周期。

$$P_D = \frac{\rho g^2}{32\pi}H^2 T\left(\frac{W}{m}\right) \approx H^2 T\left(\frac{kW}{m}\right) \qquad (1-2)$$

式中:ρ 是水的密度;g 是重力加速度。

水的深浅影响波浪的主要参数。当 $d/\lambda > \frac{1}{2}$ 时,我们认为波在深水环境中运动;另一方面,当 $d/\lambda < 1/20$ 时,认为波在浅水环境中运动;当水深在这两种情况之间,则认为波在中层水中运动。表1-1表示了随水深不同,波的主要关系。

表1-1 线性波浪理论回顾

波浪属性	浅水波 $d/\lambda < \frac{1}{20}$	中水波 $\frac{1}{2} < d/\lambda < \frac{1}{20}$	深水波 $d/\lambda > \frac{1}{2}$
传播关系	$\omega^2 = gK^2 d$	$\omega^2 = gK\tanh Kd$	$\omega^2 = gK$
波长—周期关系	$\lambda = T\sqrt{gd}$	$\lambda = \frac{g}{2\pi}T^2\tanh\frac{2\pi d}{\lambda}$	$\lambda = \frac{g}{2\pi}T^2 \approx 1.56T^2$
群速度	$c_g = c$	$c_g = \frac{1}{2}c\left(1 + \frac{2Kd}{\sin 2Kd}\right)$	$c_g = \frac{1}{2}c$

真实海浪是由许多不同波高、周期及传播方向的规则波组成的。为了估计波的特性,在大海上部署一个波测量传感器。这个传感器可以是一个骑浪式浮子,或者是一个利用声纳及高精度压力计来检测波面升沉的浸没系统。

通过波高—时间记录(图 1 - 1 画出了一个采样时间记录),可从中提取出有义波高 H_s 及能量周期 T_e[①] 这两个参数。有义波高用 4 倍的表面升沉相比与平均水位的均方根值来估计。波浪能功率密度 P_D 由下式计算:

$$P_D = \frac{cH_s^2 T_e}{16} \approx \frac{H_s^2 T_e}{2} \qquad (1-3)$$

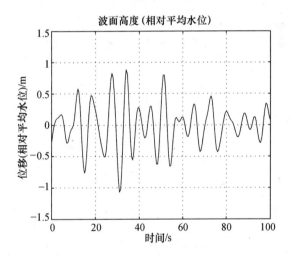

图 1 - 1   波浪高度—时间记录

波浪能功率密度在全球范围非常可观,经检测,其最高值在两个半球的纬度30°~60°之间的大洋分布(见图 1 - 2 和图 1 - 3,引自参考文献[8]"Wave Energy Utilization in Europe Current Status and Perspectives")。位于欧洲西海岸的英国、爱尔兰、挪威及葡萄牙的波能

---

① 实例详见 7.6.2 节

功率密度最高。

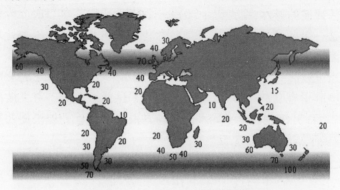

图 1-2 世界波浪能功率密度年平均值分布图(单位 kW/m)

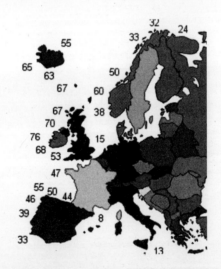

图 1-3 欧洲波浪能功率密度年平均值分布图(单位 kW/m)

1.2 波浪能转换器

波浪能转换器可以依据其尺度函数及入射波方向进行分类[9],

4

如图 1 - 4 所示。点吸式(Point Absorber)波浪能转换器是一种相对于波长可忽略其水平方向尺寸的装置。点吸式波浪能转换器可以吸收远宽于其物理宽度范围的波浪能(理论最大吸收宽度为$\frac{\lambda}{2\pi}$)。截止式(Terminator)和衰减式(Attenuator)波浪能转换器相对波浪具有确定的外形尺寸,通常为一个主要的水平尺寸。截止式波浪能转换器的物理原理是通过拦截入射波活动能量;而衰减式波浪能转换器是在波浪通过其长度方向时提取能量。

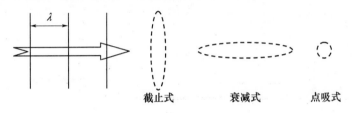

截止式　　　　　衰减式　　　　　点吸式

图 1 - 4　波浪能转换装置的一种分类体系

波浪能转换器也可根据它们的放置来进行分类:
(1)固定到海床(通常在浅水区);
(2)离岸漂浮(深水区);
(3)系泊在中水区。

在过去 40 年间,人们发明了多种波浪能转换器。随后,将对一些著名波浪能转换装置进行一个简要回顾[8-11]。

1.2.1　振荡水柱式

振荡水柱式(OWC)波浪能转换装置,主要由一个气腔和一个涡轮机构成。部分气腔浸没在水中,而水线下气腔是开口的,从而海水表面的升沉运动压迫气腔中的气体通过涡轮机。由于波的振荡特性,气体被推进和拉出涡轮机,导致交替气流的产生。韦尔斯气动涡轮机利用这个交替气流,产生单向连续旋转。韦尔斯气动涡轮机采用对称翼设计,对称翼的对称面在转动面上并垂直于气流。因此空气在两个方向上流经具有相同空气动力学特性的桨叶,从而实现了气动的双向性。

如图 1 - 5 所示,振荡水柱式波浪能转换装置的气腔可以在海岸线上筑成一个防浪堤,也可集成在一个在浅水漂浮的浮标中。亚速尔群岛中皮克岛上的欧洲试验发电站[12-14]和英国的帽贝[15]是振荡水柱式波浪能转换装置在欧洲的两个主要应用实例。前者是一个400kW 的发电站,为该岛提供部分能源需求;而后者是 1991 年建在苏格兰艾雷岛的 75kW 原型机。

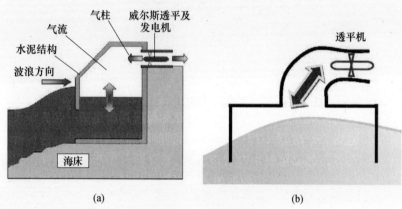

(a)　　　　　　　　　　　　　　(b)

图 1 - 5　OWC 方案

(a) 固定式振荡水柱;(b) 漂浮式振荡水柱。

1.2.2　阿基米德波浪摆

阿基米德波浪摆(AWS)[16-18]是一个浸没在水中、充满空气的活塞,活塞随着波浪压力膨胀和收缩。图 1 - 6 展示了其外形和内在机理。阿基米德波浪摆的外壳与固定于海床的固定部分之间产生相对运动,并通过内置在防水气腔中的线性电机产生电能。这种波浪能转换器特性与质量—弹簧—阻尼系统相似,在与入射波共振时捕获最大能量。

1.2.3　海蛇

海蛇为半浸没铰链式结构,由特殊关节铰链到一起的柱形部分

6

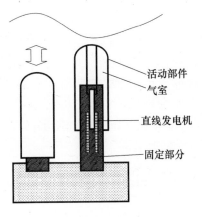

图 1-6 AWS 概念

组成[19-21]。每个节点都配置了液压油缸,这些液压油缸像泵一样工作,将柱形部分之间的相对运动转化为液压能。被挤压的液体流经蓄能器进行平滑,然后驱动液压马达,从而驱动发电机。液压回路设置了油-水换热器,用来消耗最大海况下产生的多余能量,并在掉网时作为耗能的热载荷。P-750 型号长 150m,由 3 个关节连接 4 个柱形部分组成。当波浪能密度为 55kW/m 时,其额定功率为750kW[22]。图 1-7 和图 1-8 描述了海蛇波浪能转换器的原型及装置工作原理。

图 1-7 海蛇波浪能转换装置图片

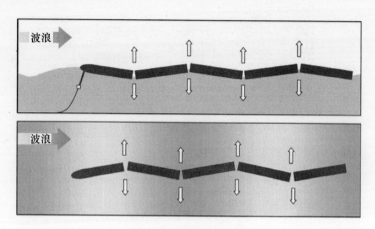

图 1 - 8　海蛇工作原理

1.2.4　鸭式

　　1974 年, Salter 提出"鸭"式波浪能转换器构想, 是欧洲最早的一种波浪能转换器[1,24-26]。"鸭"式是一个点头的、非对称的、松弛系泊的、漂浮的深水区波浪能转换器。每个"鸭"都能沿着一个连接所有装置的脊柱旋转。由于每个"鸭"的放置相对于入射波都不同, 导致点头运动的相位各不相同, 于是作用到(扭转刚性)脊柱上的平均扭矩为空。脊柱允许弯曲, 以缓解极端压力并能有助于吸收波浪功率。"鸭"阵列可归类为截止式波浪能转换器。

　　图 1 - 9 所示为一种"鸭"式结构, 通过利用"陀螺房"将其摇摆运动转化为电能[27-29]。陀螺房中装有成对的 4 个大陀螺: 配对的两个陀螺以相反的方向旋转, 并感应其摇摆运动, 驱动高压凸轮泵。高压油被送往高速旋转的液压马达从而驱动发电机。利用陀螺房, 巧妙地避免了脊柱和"鸭"之间扭矩的传递问题。

　　利用陀螺效应将浮体摇摆转化为电能的思想在基于惯性技术的波浪能转换器(ISWEC)中得以延续, 并进一步发展, 提出许多创新思想。

图 1 - 9　通过陀螺提取能量的"鸭"式效果图

第 2 章　系统动力学

基于惯性技术的海洋波浪能转换器(Inertial Sea Wave Energy Converter,ISWEC)是一个能将波浪能转化为电能的陀螺系统。本章假定该装置在二维规则波中运动[30-32]。依据此假定,进行该陀螺系统的机械分析,并得到功率提取的计算公式。

2.1　ISWEC 工作原理

如图 2-1 和图 2-2 所示,ISWEC 装置主要由一个松弛系泊于海床的浮体组成。波浪作用到浮体上使其产生摇摆运动,该摇摆运动被传递到浮体内部的陀螺系统。陀螺系统由一个旋转的飞轮构成,飞轮由一个平台支撑,并可绕 y_1 轴旋转。机构工作时,飞轮转速 $\dot{\varphi}$ 和波浪引起的旋转速度 $\dot{\delta}$ 共同产生陀螺效应,在 ε 坐标方向产生一个扭矩。利用此扭矩驱动发电机,则可从此系统中提取能量,从而使从波浪提取能量成为可能。

图 2-1　ISWEC 概念图

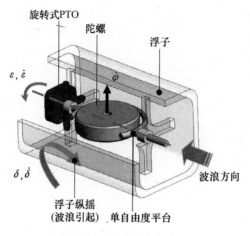

旋转式PTO 陀螺 浮子

$\varepsilon, \dot{\varepsilon}$ $\dot{\varphi}$

$\delta, \dot{\delta}$ 波浪方向

浮子纵摇
(波浪引起) 单自由度平台

图 2 – 2   ISWEC:陀螺系统

2.2　机　械　方　程

系统分析所用参考坐标系如图 2 – 3 所示。运动参考系 $x_1 y_1 z_1$，由相对惯性参考系 xyz 依序旋转 δ 和 ε 而得到(由于系统重心恰巧落在参考系的原点,故参考系 xyz 可以是惯性系,也可以转变到空间坐标系,真实装置就是如此)。

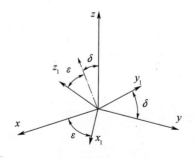

图 2 – 3　参考坐标系

系统的机械特性,从初始位置 $\delta = 0$ 和 $\varepsilon = 0$ 开始进行分析,此时

11

没有波浪,飞轮以恒定角速度 $\dot{\varphi}$ 绕 z_1 轴旋转。在第一个入射波作用下,系统在纵摇方向偏转 δ 角,则在 x 轴方向获得一个特定的角速度 $\dot{\delta}$。于是飞轮在两个角速度 $\dot{\varphi}$ 和 $\dot{\delta}$ 作用下产生的陀螺效应在垂直两个速度的 y_1 轴方向产生一个扭矩。如果陀螺可以以旋转角度 ε 绕 y_1 轴方向自由旋转,它的特性将受惯性支配,作为保守系统,将没有可用来发电的机械能。通过对 ε 坐标方向的运动施加阻尼以实现从系统提取能量。这种情况下,陀螺相当于带旋转阻尼器的马达,并通过阻尼器从系统提取能量进行发电。阻尼器可以是直接耦合在 ε 轴上的发电机。系统运行过程中有阻尼或无阻尼,陀螺扭矩都会作用到浮体上。事实上,两个角速度 $\dot{\varphi}$ 和 $\dot{\varepsilon}$ 共同产生一个作用到浮体上的沿 δ 坐标,并与海浪引起的纵摇运动反向的陀螺反作用。类似地,另一个反作用力矩由角速度 $\dot{\delta}$ 和 $\dot{\varepsilon}$ 共同产生,作用到 z_1 轴上。当分别确定浮体及驱动飞轮的电机的尺寸时,应综合考虑这两个反作用力矩。

假设 $\boldsymbol{i}_1$、$\boldsymbol{j}_1$、$\boldsymbol{k}_1$ 是动坐标参考系 $x_1y_1z_1$ 的单位矢量,则相对于动坐标参考系 $x_1y_1z_1$ 的角速度 $\boldsymbol{\omega}_1$ 及飞轮角速度 $\boldsymbol{\omega}_G$ 的计算如下:

$$\boldsymbol{\omega}_1 = \dot{\delta}\cos\varepsilon \cdot \boldsymbol{i}_1 + \dot{\varepsilon} \cdot \boldsymbol{j}_1 + \dot{\delta}\sin\varepsilon \cdot \boldsymbol{k}_1 \qquad (2-1)$$

$$\boldsymbol{\omega}_G = \dot{\delta}\cos\varepsilon \cdot \boldsymbol{i}_1 + \dot{\varepsilon} \cdot \boldsymbol{j}_1 + (\dot{\delta}\sin\varepsilon + \dot{\varphi}) \cdot \boldsymbol{k}_1 \qquad (2-2)$$

$$\boldsymbol{M}_e = \frac{\mathrm{d}\boldsymbol{K}_G}{\mathrm{d}t} \qquad (2-3)$$

表达式(2-3)是相对系统重心而言,角动量守恒。方程描述了机械系统的旋转平衡,即角动量对时间求微分等于外部作用力矩。在分析中,J 为飞轮绕其旋转轴 z_1 的转动惯量,I 表示飞轮垂直于 z_1 轴的两个轴向的转动惯量。

$$\boldsymbol{K}_G = \boldsymbol{I} \cdot \boldsymbol{\omega}_G = I\dot{\delta}\cos\varepsilon \cdot \boldsymbol{i}_1 + I\dot{\varepsilon} \cdot \boldsymbol{j}_1 + J(\dot{\delta}\sin\varepsilon + \dot{\varphi}) \cdot \boldsymbol{k}_1$$

$$(2-4)$$

角动量对时间求导,导致 3 个单位矢量 $\boldsymbol{i}_1$、$\boldsymbol{j}_1$、$\boldsymbol{k}_1$ 对时间的求导,

一系列数学推导之后,系统的平衡由式(2-6)的向量方程描述:

$$\frac{\mathrm{d}\boldsymbol{i}_1}{\mathrm{d}t} = \boldsymbol{\omega}_1 \times \boldsymbol{i}_1 = \dot{\delta}\sin\varepsilon \cdot \boldsymbol{j}_1 - \dot{\varepsilon} \cdot \boldsymbol{k}_1$$

$$\frac{\mathrm{d}\boldsymbol{j}_1}{\mathrm{d}t} = \boldsymbol{\omega}_1 \times \boldsymbol{j}_1 = -\dot{\delta}\sin\varepsilon \cdot \boldsymbol{i}_1 + \dot{\delta}\cos\varepsilon \cdot \boldsymbol{k}_1 \qquad (2-5)$$

$$\frac{\mathrm{d}\boldsymbol{k}_1}{\mathrm{d}t} = \boldsymbol{\omega}_1 \times \boldsymbol{k}_1 = \dot{\varepsilon} \cdot \boldsymbol{i}_1 - \dot{\delta}\cos\varepsilon \cdot \boldsymbol{j}_1$$

$$\boldsymbol{M}_e = \left\{ \begin{array}{c} I\,\ddot{\delta}\cos\varepsilon + (J - 2I)\,\dot{\varepsilon}\dot{\delta}\sin\varepsilon + J\dot{\varepsilon}\dot{\varphi} \\ I\,\ddot{\varepsilon} + (I - J)\,\dot{\delta}^2\sin\varepsilon\cos\varepsilon - J\dot{\varphi}\dot{\delta}\cos\varepsilon \\ J(\ddot{\delta}\sin\varepsilon + \dot{\varepsilon}\dot{\delta}\cos\varepsilon + \ddot{\varphi}) \end{array} \right\} \qquad (2-6)$$

作用于 PTO[①] 的力矩 T_ε 及电机驱动飞轮旋转的力矩 T_φ 分别由式 (2-6)的第二和第三个量给出:

$$T_\varepsilon = I\,\ddot{\varepsilon} + (I - J)\dot{\delta}^2\sin\varepsilon\cos\varepsilon - J\dot{\varphi}\dot{\delta}\cos\varepsilon \qquad (2-7)$$

$$T_\varphi = J(\ddot{\delta}\sin\varepsilon + \dot{\varepsilon}\dot{\delta}\cos\varepsilon + \ddot{\varphi}) \qquad (2-8)$$

装置工作时,惯性力矩 T_δ 沿纵摇方向 δ 从陀螺系统作用到浮体上。T_δ 可以用 $\boldsymbol{M}_e$ 沿 x 方向的分量来计算:

$$\begin{aligned} T_\delta &= \boldsymbol{M}_e \cdot \boldsymbol{i} \\ &= \boldsymbol{M}_e \cdot (\cos\varepsilon \cdot \boldsymbol{i}_1 + \sin\varepsilon \cdot \boldsymbol{k}_1) \\ &= (J\sin^2\varepsilon + I\cos^2\varepsilon)\,\ddot{\delta} + J\ddot{\varphi}\sin\varepsilon + J\dot{\varepsilon}\dot{\varphi}\cos\varepsilon + 2(J - I)\dot{\delta}\dot{\varepsilon}\sin\varepsilon\cos\varepsilon \end{aligned}$$

$$(2-9)$$

2.3 线性化

系统运动方程为非线性、耦合方程。评估系统运动特性,可以通

---

① PTO 是 Power take off 的缩写,意为动力输出装置。这里指可再生能源设备中,将具体物理运动转换为可直接利用能源(如电能)的装置。

过数值方法解算方程实现。但进行系统设计时需对方程进行线性化处理。线性化点是系统的稳态点 $\varepsilon = 0$。下式中的波浪线是线性化处理的参数。

$$\begin{Bmatrix} \widetilde{T_\delta} \\ \widetilde{T_\varepsilon} \\ \widetilde{T_\varphi} \end{Bmatrix} = \begin{Bmatrix} J\varepsilon^2 + I(1-\varepsilon^2)\,\ddot{\delta} + J\ddot{\varphi}\varepsilon + J\dot{\varepsilon}\dot{\varphi} + 2(J-I)\,\dot{\delta}\,\dot{\varepsilon}\varepsilon \\ I\ddot{\varepsilon} + (I-J)\dot{\delta}^2\varepsilon - J\dot{\varphi}\dot{\delta} \\ J(\ddot{\delta}\varepsilon + \dot{\varepsilon}\dot{\delta} + \ddot{\varphi}) \end{Bmatrix}$$

$$(2-10)$$

式(2-10)中，I 表示由飞轮、平台及 PTO 电机引起的绕 y_1 轴的转动惯量总和。如第三章中将要介绍的，所建造的系统具有 $I \approx J$ 的特性。此外，我们可假设陀螺转速为恒定值。由于这两点假设，式(2-10)可简化为式(2-11)：

$$\begin{Bmatrix} \widetilde{T_\delta} \\ \widetilde{T_\varepsilon} \\ \widetilde{T_\varphi} \end{Bmatrix} = J\begin{Bmatrix} \ddot{\delta} + \dot{\varepsilon}\dot{\varphi} \\ \ddot{\varepsilon} - \dot{\varphi}\dot{\delta} \\ \ddot{\delta}\varepsilon + \dot{\varepsilon}\dot{\delta} \end{Bmatrix} \qquad (2-11)$$

如果 PTO 能如一个刚度系数为 k、阻尼系数为 c 的弹簧—阻尼系统运行，式(2-11)的第二个方程可作如下变形：

$$-k\varepsilon - c\dot{\varepsilon} = J\ddot{\varepsilon} - J\dot{\varphi}\dot{\delta}$$

$$J\ddot{\varepsilon} + c\dot{\varepsilon} + k\varepsilon = J\dot{\varphi}\dot{\delta} \qquad (2-12)$$

式(2-12)为线性二阶系统方程，方程中强迫函数为陀螺效应。因此作线性分析，给系统一个正弦输入 δ，观察输出 ε。

$$\delta = \delta_0 \cdot e^{j\omega t}$$

$$\dot{\delta} = j\omega\delta_0 \cdot e^{j\omega t}$$

$$\ddot{\delta} = -\omega^2 \delta_0 \cdot e^{j\omega t}$$

14

$$\varepsilon = \varepsilon_0 \cdot e^{j\omega t}$$

$$\dot{\varepsilon} = j\omega \varepsilon_0 \cdot e^{j\omega t}$$

$$\ddot{\varepsilon} = -\omega^2 \varepsilon_0 \cdot e^{j\omega t}$$

$$(-J\omega^2 + cj\omega + k)\varepsilon_0 = J\dot{\varphi}j\omega\,\delta_0 \qquad (2-13)$$

$$\varepsilon_0 = \frac{J\dot{\varphi}j\omega}{-J\omega^2 + cj\omega + k}\delta_0 \qquad (2-14)$$

定义自然频率 $\omega_n^2 = k/J$，复数振幅 ε_0 和阻尼器从系统吸收的平均功率 P_d 如式（2-15）和式（2-16），则阻尼器提取的能量认为是可以用来发电的。

$$\varepsilon_0 = \frac{J\dot{\varphi}j\omega}{J(\omega_n^2 - \omega^2) + cj\omega}\delta_0 \qquad (2-15)$$

$$P_d = \frac{c}{2}\omega^2 \varepsilon_0^2 = \frac{c}{2}\frac{(J\dot{\varphi}j\omega^2\delta_0)^2}{J^2(\omega_n^2 - \omega^2)^2 + c^2\omega^2}\delta_0 \qquad (2-16)$$

作用在平台、PTO 及陀螺飞轮转轴上的线性力矩如下：

$$\left\{\begin{array}{c}\widetilde{T}_\delta \\ \widetilde{T}_\varepsilon \\ \widetilde{T}_\varphi\end{array}\right\} = J\delta_0 \left\{\begin{array}{l}\left[-\omega^2 - \dfrac{J\dot{\varphi}^2\omega^2}{J(\omega_n^2 - \omega^2) + cj\omega}\right]\cdot e^{j\omega t} \\[4mm] (k + j\omega c)\dfrac{J\dot{\varphi}j\omega}{J(\omega_n^2 - \omega^2) + cj\omega}\cdot e^{j\omega t} \\[4mm] -\delta_0\dfrac{J\dot{\varphi}j\omega^3}{J(\omega_n^2 - \omega^2) + cj\omega}\cdot e^{2j\omega t}\end{array}\right\} \qquad (2-17)$$

关于系统主要参数及动力特性的进一步分析，参见第 4 章。

2.4　提 取 功 率

式（2-16）表明，共振（$\omega = \omega_n$）时获得最大提取功率。假设机械系统与波浪发生共振，或控制 PTO 使系统与入射波共振，则可推

导出式(2-18):

$$P_d = \frac{(J\dot{\varphi}\omega\delta_0)^2}{2c}\qquad(2-18)$$

式(2-16)的阻尼因数 c 如下所示:

$$c = \frac{2P_d}{\omega^2\varepsilon_0^2}$$

用上式替换式(2-18)中的 c,得到式(2-19):

$$P_d = \frac{(J\dot{\varphi}\omega\delta_0)^2}{2\dfrac{2P_d}{\omega^2\varepsilon_0^2}} \Rightarrow P_d = \sqrt{\frac{(J\dot{\varphi}\omega^2\delta_0\varepsilon_0)^2}{4}}$$

$$P_d = \frac{1}{2}(J\dot{\varphi})\omega^2\delta_0\varepsilon_0\qquad(2-19)$$

因此,从上述线性分析中我们得出:为了从 ISWEC 与波浪共振中获得更大的提取功率,我们需要增大角动量、浮体纵摇幅值 δ 及 PTO 轴上的摇摆幅值 ε。此外,如果入射波周期越短,则产生的电能越多。

2.4.1　电动机扭矩

假设飞轮以恒定转速旋转,则驱动飞轮电动机所吸收的能量为零的理论证明,可通过将式(2-8)变形为

$$T_\varphi = \frac{\mathrm{d}}{\mathrm{d}t}(\dot{\delta}\sin\varepsilon)\qquad(2-20)$$

电动机在时间间隔 $[t_0, t_1]$ 内驱动陀螺以 $\dot{\varphi}$ 等于定恒值旋转所提供的能量,为瞬时功率的积分。

$$\int_{t_0}^{t_1} P_M\mathrm{d}t = J\dot{\varphi}\,|\dot{\delta}\sin\varepsilon\,|_{t_0}^{t_1}\qquad(2-21)$$

式(2-21)在电动机提供的能量及系统状态之间建立了一个联系。我们假设在 $t=t_0$ 时刻,系统位置处于 $\varepsilon=0$,不论所选取的时刻

16

$t = t_1$ 为何时，只要满足 t_1 时刻系统回到同样位置（例如，下列顺序：平静时刻（$t = t_0$）—波浪起伏—平静时刻（$t = t_1$），或者仅是具有两个 $\varepsilon = 0$ 状态的半周期中），则在时间间隔 $[t_0, t_1]$ 内在 φ 轴上产生陀螺效应，电动机所提供的总能量为零。此关系同样适用于非线性系统。

第3章 小比例原型机设计

依据第 2 章线性系统分析,本章介绍 ISWEC 原型机的设计。原型机设计的运行环境是爱丁堡弧形造波水池,波浪周期为 1Hz,波高为 100mm。

3.1 爱丁堡弧形造波水池

爱丁堡大学的弧形造波水池[33]如图 3 - 1 及图 3 - 2 所示。水池造波设计指标是东北大西洋额定波况的 1/100,因此波高相对较小(最大约为 110mm),频带较宽(大部分在 0.5~1.6Hz 之间)。水池造波设计频率为 1Hz,则原型机的参考规则波选为周期 1Hz、波高 100mm。

$$\lambda = \frac{2\pi}{g} T^2 = \frac{2\pi}{9.81} \times 1^2 = 1.56 \text{m} \qquad (3-1)$$

如式(3 - 1)所示,周期 1Hz 时,波长 1.56m。水池深度为 1.2m,这比设计波长的一半大得多,则波浪可认为是在深水区。

图 3 - 1 爱丁堡弧形造波水池

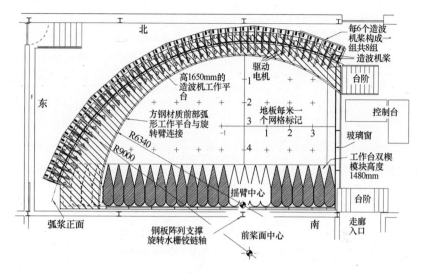

图 3-2 造波水池平面图链轴

3.2 设 计 参 数

　　为了确定原型机的物理参数,作以下假设。首先,为了保证对陀螺的扰动并通过 PTO 产生能量,使装置随波浪摆动,则装置的物理外形相对波浪必须是不稳定的。水池设计点生成的波浪波长为 1.56m;为了设计一个能随波浪起伏的浮体,则浮体在波浪传播方向的尺寸,应小于波长的一半。这第一个假设,要求浮体轴向最大长度限制在 780mm 以内。规则波最大波陡用式(3-2)计算。

$$\lambda_s = \arctan \frac{\pi H}{g\lambda} \qquad (3-2)$$

　　设计波 λ_s 为 11.4°。为了避免涉及水动力,首先假设波浪作用下的浮体以 ±2°纵摇。基于线性理论原理,当实际装置运动角 $\varepsilon <$ 90°(模量)时,都可以近似为线性系统。超过这个数值,则线性模型的物理意义失效。第三个假设是,设计点 $\varepsilon_0 = 70°$。虽然在 $\varepsilon = 0$ 附

19

近对系统进行线性处理,而 70°似乎距离线性化点过远,我们将在 3.4 节中通过与非线性模型进行分析对比,得出上述假设具有良好效果的结论。通过对爱丁堡大学造波水池[34]早期原型机测试结果分析,点吸式波能转换器的相对捕获宽度(吸收功率与入射功率的比值)大约为 50%。因为我们不知道 ISWEC 原型机精确的相对捕获宽度,我们假设其为 100%,这样使得装置可以处理更大功率的波能。最后一个假设是考虑在波浪频率点陀螺系统产生谐振,提取功率最大时的情况,参见式(2-16)。

设计参数汇总,如表 3-1 所列。

表 3-1　设计参数

波高	0.1m
波频	1Hz
装置在波浪方向的最大长度	780mm
δ_0	2°
ε_0	70°
相对捕获宽度	100%
ω_n	1Hz

3.3　设计过程

原型机必须防水,且易于装配和拆卸。此外,它应尽可能便宜。从上述考虑出发,我们设计装置的外壳,采用尾端密封、带 O 形圈盖的圆柱形丙烯酸塑料管。采用丙烯酸塑料,使得装置重量轻且透明,有助于我们观察装置内部运行情况,并展示装置的工作原理。PTO、陀螺及传感器必须安装在同一个轴(ε)上,优先考虑使 ε 轴与圆柱塑料管轴自然重合。这样圆柱塑料管与波方向一致。基于第一个假设,圆柱塑料管最大长度为 780mm。估计装置的额定输入功率是设计程序的第一步。"设计波"的功率密度计算如下:

20

$$P_D = \frac{\pi \rho g}{32} T \cdot H^2 = \frac{\pi \times 1000 \times 9.81}{32} \times 1 \times 0.1^2 = 9.63(\text{W/m})$$

$$(3-3)$$

依据爱丁堡大学的经验,我们选择额定宽度 D(圆柱塑料管直径)为200mm。则装置额定功率为

$$P_R = P_D \cdot D = 9.63 \times 0.2 = 1.92\text{W} \qquad (3-4)$$

相对捕获宽度为100%, P_R 是从装置吸收的平均功率,是PTO的阻尼元件吸收的平均功率。由式(2-16)可以直接得到装置阻尼系数:

$$c = \frac{2 \cdot P_d}{(\omega \varepsilon_0)^2} = \frac{2 \times 1.92}{\left(\dfrac{2 \cdot \pi}{1} \times \dfrac{70\pi}{180}\right)^2} = 6.53 \times 10^{-2}(\text{Nm} \cdot \text{s/rad})$$

$$(3-5)$$

由式(2-18)可知,所需角动量为

$$J\dot{\varphi} = \frac{c\,\varepsilon_0}{\delta_0} = \frac{6.53 \times 10^{-2} \times \dfrac{70\pi}{180}}{\dfrac{2\pi}{180}} = 2.28(\text{kgm}^2 \cdot \text{rad/s})$$

$$(3-6)$$

因为装置的"电动机"是角动量,且装置性能与其成正比,则必须以恒定转速驱动陀螺旋转。建立一个固定惯性系统,通过调节陀螺角速度实现角动量连续变换,并通过关闭陀螺电机,"关闭"装置。而且,以较小转速启动系统,观测系统特性,通过增大角动量到理想值,达到稳定工作状态。为了使系统轻便,电动机直接与陀螺连接。由于陀螺轴扭矩及转动惯量波动量比较小,ISWEC原型机不采用闭环速度控制,见3.7节。电动机转速为4000r/min固定值,则陀螺转动惯量 J 计算如下:

$$J = \frac{2.28}{\dfrac{2\pi}{60} \times 4000} = 5.46 \times 10^{-3}(\text{kg m}^2) \qquad (3-7)$$

要满足式(2-11)简化条件, J 的取值是有技术限制的, 即 J 与 I 的大小必须同等。则弹簧的刚度系数可以通过系统的自然频率 ω_n 计算:

$$k = I \cdot \omega_n^2 = 0.216(\text{Nm/rad}) \qquad (3-8)$$

最后一个需满足的限制条件为浮力: 至少装置不能下沉到水下。然而还有一个条件, 圆柱形管须半浸没在水中, 以获得最大的静水力刚度。通过在 3D CAD 环境中对装置进行建模, 并估计其总重, 我们发现在这种条件下的装置超重, 结论是: 圆柱形管必须长于 780mm 才能满足半浸没漂浮要求。于是, 我们选择下一个规格的产品, 外径尺寸为 230mm, 通过不断反复上述过程直至满足要求。增大圆柱形管外径有两个优势: 一是能够获得更大浮力, 二是可以减小陀螺的质量。这两点弥补了由于吸收功率增大带来的质量和惯量的增大。原型机的最终尺寸如表 3-2 所列, 其性能参数汇总如表 3-3 所列①。

表 3-2 原型机参数

J	$1.74 \times 10^{-2} \text{kg m}^2$
I	$1.66 \times 10^{-2} \text{kg m}^2$
$\dot{\varphi}$	2000r/min
k	0.656Nm/rad
c	0.106Nm·s/rad
外径及长度	230mm×560mm
总重	12.3kg

---

① 表 3-2 中, $\dot{\varphi}$ 为 2000r/min, 而不是此前的 4000r/min。尽管已经制造了 4000r/min 的飞轮, 但当飞轮转速超过了 3500r/min 时, 系统振荡, 引发安全问题。所以我们将飞轮转速减半, 并将飞轮惯量加倍。这样系统刚度加倍, 以保持系统的固有频率维持在 1Hz。因为 PTO 沿 ε 轴惯量较 J 至少小 3 个数量级, 计算时, 忽略 PTO 沿 ε 轴的惯量。

22

表 3 – 3   线性—非线性对比

	线性模型	非线性模型 A	非线性模型 B
$\varepsilon/(°)$	69.4	60.7	70.2
$\varepsilon_0/(\text{rad/s})$	7.6	7.0	8.4
P_R/W	3	2.2	2.4
$T_{\varepsilon 0}/\text{Nm}$	0.89	0.83	0.84
rcw/(%)	130	96	109

3.4   与非线性模型对比

上述设计过程基于线性模型进行系统开发,并得到系统第一组试验参数。随后,采用 Matlab/Simulink 进行非线性仿真,验证上述线性模型。由于系统不采用 $\varepsilon = 0$ 初始位置时,强迫函数模数降低,导致采用线性模型估计的平均功率过高。为了使真实系统 100% 捕获入射能量,我们适度增大陀螺的惯量及其他相关参数。

Cfg. A[①] 是采用线性理论进行系统设计,并在非线性模型(完全非线性)时装置产生额定功率条件下进行系统参数配置。装置设计振荡值 $\varepsilon_0 = 70°$,而实际系统振荡值为 $60.7°$。通过减小系统阻尼可以调整系统振荡值为 $70°$,依据式(2–18)则系统能捕获一个较大的功率。通过逐渐减小非线性模型的阻尼系数,当 $c = 0.084\text{Nm} \cdot \text{s/rad}$ 时实现 $\varepsilon_0 = 70°$ 的设计构想。最终的系统参数配置为 Cfg. B。原型机的最终特性参数如表 3–3 所列,两种系统时域特性的对比如图 3–3、图 3–4 和图 3–5 所示。

———————

① cfg. A、cfg. B 是设计原型系统时的 2 种状况。cfg. A 时,波高 176mm;cfg. B 时,波高 300mm。详见 8.2 节。

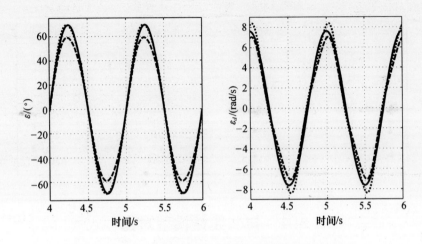

图 3－3　轴 ε 方向的角度及角速度(连续实线:线性系统,
虚线:非线性系统 A,点线:非线性系统 B)

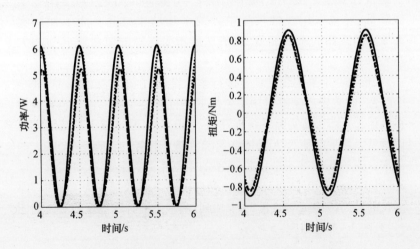

图 3－4　阻尼器吸收的功率及 PTO 扭矩(刚度 + 阻尼)

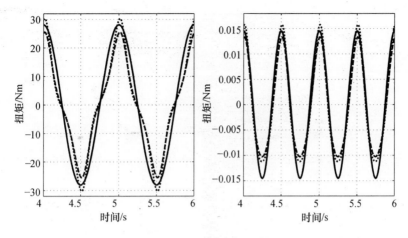

图 3 - 5　δ 及 φ 轴上的扭矩

3.5　机械设计

　　内部机构通过一个铝合金结构悬挂在有机玻璃管内部,铝合金结构用金属板支撑其相对位置,在金属板端部有杆。这种合成结构费用经济,易于加工,坚固且可灵活改变。在两个中心金属板之间 ε 旋转方向上是陀螺支撑结构。这个结构装配一个直流电机及驱动陀螺的两个轴承。为了利用所有的内部可用径向空间,陀螺放置在整个结构的中心;这个考虑导致将轴承及直流电机放置在两个端部。为了便于直流电机的线缆通过,结构中突出的、与轴承在 ε 方向相连的两个轴是中空的。图 3 - 6 及图 3 - 7 展示了原型机的外形。

　　由于 T_{ε} 是从陀螺平台通过 PTO 传递到有机玻璃管,如果它不被限制在 ε 轴上,管子将围绕其轴振荡,只受水黏性力阻尼作用。此外,若整个系统的重心在有机玻璃管轴线附近,则系统没有稳定的平衡位置。可用不同方法解决这个问题:通过在管子底部嵌入质量,或通过绳索系泊,或增放外部浮体,以消除系统轴对称。本项目采用第三个方法,如图 3 - 8 所示,将装置臂和外部浮体集成在一起。

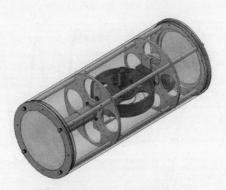

图 3 - 6　ISWEC 原型机轴向图

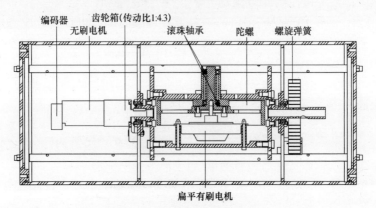

编码器　齿轮箱(传动比1:4.3)　　滚珠轴承　陀螺　螺旋弹簧
无刷电机

扁平有刷电机

图 3 - 7　ISWEC 原型机横切面

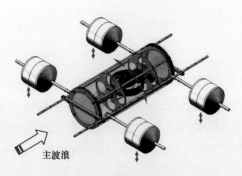

主波浪

图 3 - 8　带侧浮体的装置

26

3.6 PTO

PTO 系统由一个高效行星齿轮装置连结的无刷电机、陀螺结构组成。为了满足整个装置的浮力要求,允许提高电机转速,减小电机尺寸及重量。此外,高速电机可以选用商业小扭矩、低压伺服电机,研制原型机阶段应避免使用特制电机。为了控制和检测相关参数,PTO 的无刷电机配置了一个增量式编码器。ISWEC 本体不设置PTO、陀螺转子及能量储存系统的供电变压器,并通过线缆与浮标相连。即使通过控制 PTO 无刷电机能调节系统阻尼力矩及弹性力矩,ISWEC 仍在 PTO 轴向保留螺旋弹簧安装空间。ISWEC 设计中考虑PTO 全向旋转的可能性,采用滑环连接器向 PTO 无刷电机和陀螺供电。原型机选用的无刷电机如图 3 - 9 所示。

综上所述,由于波浪功率密度很小,原型机产生的电能也很小。因此,应注重选用高效元件。

图 3 - 9   PTO(电机、齿轮箱及编码器)

无刷电机转速系数应足够大,并满足低速时电压波动要求。在众多可选供应商中,Maxon© 似乎是最合适的:PTO 部件由一个 EC 40无刷电机,一个 HEDL 5540 编码器及 GP 42C 变速器构成。cfg. A时,PTO 以连续扭矩运转,其扭矩小于电机额定扭矩。无刷电机、齿轮箱及编码器性能详见图 3 - 10、图 3 - 11 及图 3 - 12。

$$T_{m,rms} \approx \frac{T_{\varepsilon_0}}{\sqrt{2}} \cdot \frac{1}{\tau} \cdot \eta = \frac{0.83}{\sqrt{2}} \times \frac{1}{\frac{13}{3}} \times 0.9 = 0.122\text{Nm} < 0.129\text{Nm}$$

Motor Data		118901
Values at nominal voltage		
1 Nominal voltage	V	48.0
2 No load speed	rpm	2020
3 No load current	mA	24.4
4 Nominal speed	rpm	893
5 Nominal torque (max. continuous torque)	mNm	129
6 Nominal current (max. continuous current)	A	0.599
7 Stall torque	mNm	237
8 Starting current	A	1.07
9 Max. efficiency	%	72
Characteristics		
10 Terminal resistance phase to phase	Ω	44.8
11 Terminal inductance phase to phase	mH	10.7
12 Torque constant	mNm / A	221
13 Speed constant	rpm / V	43.2
14 Speed / torque gradient	rpm / mNm	8.75
15 Mechanical time constant	ms	7.78
16 Rotor inertia	gcm²	85.0

图 3 - 10　无刷电机参数

Order Number		203114
1 Reduction		4.3 : 1
2 Reduction absolute		$^{13}/_3$
3 Mass inertia	gcm²	9.1
4 Max. motor shaft diameter	mm	8

图 3 - 11　齿轮箱参数

Counts per turn	500
Number of channels	3
Max. operating frequency (kHz)	100
Max. speed (rpm)	12000
Shaft diameter (mm)	3

图 3 - 12　编码器参数

3.6.1　阻尼实现

通过将 Y 形电阻与电机相连,电机呈线性阻尼工作状态。无刷

28

电机的单相等效电路如图 3－13 所示,阻尼系数的计算公式如下:

$$E = k_e \cdot \omega$$

$$E = (R_a + R) \cdot i + L_a \frac{\mathrm{d}i}{\mathrm{d}t} \qquad (3-9)$$

$$T_m = k_T \cdot i$$

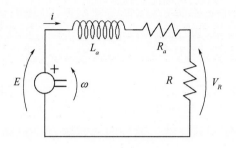

图 3－13 单相等效电路

该电气系统的极点在 $\dfrac{1}{2 \cdot \pi \cdot \tau} = \dfrac{R}{2 \cdot \pi \cdot L} = 670\mathrm{Hz}$ 处,而 PTO 轴在 1Hz 振荡,则电感效应可忽略。修改式(3－9),并考虑一个传动比为 $\tau(\omega = \tau \cdot \dot{\varepsilon})$ 的理想变速器,则阻尼系数如下所示:

$$T_\varepsilon = c \cdot \dot{\varepsilon}$$

$$T_m \cdot \tau = c \cdot \frac{\omega}{\tau}$$

$$k_T \cdot i \cdot \tau = c \cdot \frac{E \cdot k_E}{\tau}$$

$$k_T \cdot \frac{E}{R_a + R} \cdot \tau^2 = c \cdot E \cdot k_E$$

$$c = \frac{k_T}{k_E} \cdot \frac{\tau^2}{R_a + R} \qquad (3-10)$$

最大阻尼系数 $C_{\max}$ 在 $R = 0$ 时取得:

$$c_{\max} = \frac{221 \times 10^{-3}}{\dfrac{43.2 \times 2 \times \pi}{60}} \cdot \frac{\left(\dfrac{13}{3}\right)^2}{22.4} = 0.041(\mathrm{Nm \cdot s/rad})$$

设计所需阻尼系数为 $0.106(\mathrm{Nm \cdot s/rad})$，而式（3 - 10）表明通过增大外部电阻不能满足要求。在所有我们可选的电机中，即使更换所选电机，情况也不会改善，上述配置是我们的最优选择。通过增大传动比 τ 可改善这种情况，但该电机下一个可选变速器传动比 $\tau = \dfrac{49}{4} \approx 12$，这会引起发电效率和可逆性问题。因此我们放弃这种电机 + 变速器的构想，而采用电子驱动器建立扭矩控制。所选驱动器为 EPOS2 50/5 控制器，是 Maxon© EC 40 系列推荐使用的一款。通过测量扭矩及电机轴角速度，可检测陀螺系统提取的功率。

3.7　电　动　机

飞轮必须被加速到所需速度并维持旋转。考虑到装置的四杆结构形式，飞轮驱动电机必须足够短，才能满足要求。这个限制使得电机可选择范围很窄，仅能选用扁平型电机，其径向大但轴向短。所选电动机为有刷直流电动机 GPM9，是英国 Printed Motor Works 公司的产品。电动机如图 3 - 14 所示，其主要参数如表 3 - 4 所列。由于严格的几何尺寸限制，可选的电机很少，GPM9 是最便宜的。对电机进行启动时间测试，测试中忽略电机惯量及空气阻力因素。式（3 - 11）给出了电机传递函数，及加速度 $T_m = T_n$ 时 $\dot{\varphi}$ 的时域响应。图 3 - 15 显示电动机对飞轮的加速时间为 31s。

$$T_m - T_f = (c_m + sJ)\,\dot{\varphi}$$

$$\dot{\varphi}(t)\big|_{T_m = T_n} = \frac{T_n - T_f}{c_m} \cdot e^{-\frac{t}{J/c_m}} \tag{3 - 11}$$

图 3 - 14 扁平电动机

表 3 - 4 GPM9 电机参数

额定转矩T_r	0.131Nm
额定转速ω_r	3000r/min
额定电压V_r	14.5V
额定电流i_r	6.9A
额定功率P_r	41W
电压常数k_E	2.2×10^{-2}V/rad/s
转矩常数k_t	2.2×10^{-2}Nm/A
终端电阻R_a	1.1Ω
黏性摩擦c_m	2.86×10^{-5}Nm · s/rad
静摩擦T_f	0.012Nm

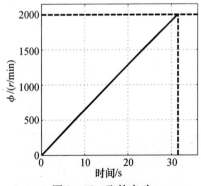

图 3 - 15 飞轮启动

如 3.4 节所述,考虑到惯性作用,粗略地认为作用在陀螺上的是幅值 0.015Nm、频率 2Hz 的正弦波。建立电机 + 飞轮系统的 Simulink 模型,如图 3 - 16 所示,估算扭矩引起的速度波动,并决定是否需要增加 φ 轴的速度控制器。如果电机以恒定电压(直接与电源相连)驱动,估算波动为 0.7r/min。飞轮惯量及电机可滤去传来的扭矩噪声,因此不需要控制器来稳定 $\dot\varphi$。

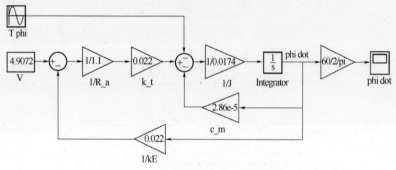

图 3 - 16   Simulink 模型—连续电压

评估变量 $\dot\varphi$ 时,没有考虑作用于陀螺系统上变量 $J\dot\varphi$ 的影响。理论上装置模型应该包括电动机模型,但如前所述,以 $\dot\varphi$ 为常值进行 T_φ 的计算时所引起的 $J\dot\varphi$ 的波动变换等于 $\pm\dfrac{0.7}{2000} = \pm 0.035\%$,如图 3 - 17所示,现阶段这不影响陀螺系统动力学特性。

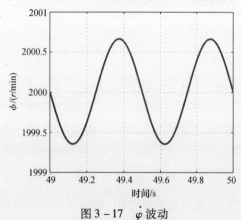

图 3 - 17 $\dot\varphi$ 波动

第4章 参数分析

本章分析系统主要参数的变化对吸收功率的影响。基于线性及非线性两种系统模型,就系统额定参数,在绝对变化及相对变化两方面进行了对比。本章有助于理解如何改善系统的措施,及坚定采用线性模型分析系统响应的信心。

4.1 PTO 刚度

图 4 − 1 描述了 PTO 刚度对吸收功率的影响。垂直虚线表示装置与波浪发生共振的刚度系数。刚度系数在 0.2 ~ 3 倍之间变化。根据式(2 − 16),刚度系数偏离共振点越远,则阻尼器吸收的能量越少。无论是线性或非线性系统,这种情况都是相同的。图 4 − 1 右图绘出左图两条功率曲线的相对刚度(见表 3 − 2 及表 3 − 3)。x 轴表示相对刚度。由上图凸显出波浪共振刚度的重要性:例如,k 变为两倍时,P_d 则减小一半。此外,表明线性模型关于 PTO 刚度的描述与真实系统具有良好的一致性。

如图 4 − 2 所示,如果 PTO 的刚度为零,则系统在 $\varepsilon = 90°$ 发生阻尼振荡,此时陀螺效应消失,作用于 PTO 上的扭矩为零。随着系统刚度提高,系统越趋于 ε 为零处的振荡平均值。如果系统输入 δ 符号相反,则系统振荡点在 $\varepsilon = -90°$,其时域特性为图 4 − 2 相对 x 轴的镜像。另一方面,如果刚度过大,则系统被限制在 $\varepsilon = 0°$ 附近运动,这将导致振幅减小,从而减小吸收功率。

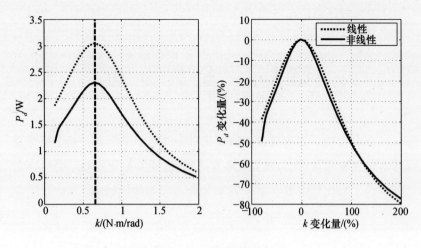

图 4 - 1　PTO 刚度影响

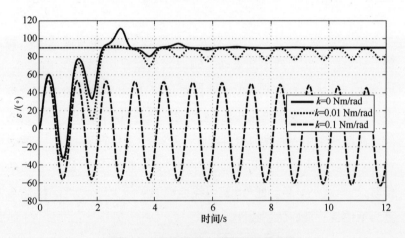

图 4 - 2　零刚度及小刚度的时域响应

4.2　PTO 阻尼系数

线性方程式(2 - 18)表明减小阻尼因数,则阻尼器提取功率增

大(因为振荡幅值 ε_0 增大,见式(2-16))。如图4-3所示,上述推论在有限小范围内是合理的。这是因为式(2-18)没有考虑 $\cos\varepsilon$ 项。事实上,如果 $|\varepsilon > 90°|$,则作用于 PTO 轴的陀螺力矩将改变方向,试图将陀螺推回到 $|\varepsilon < 90°|$ 的状态,则运动幅值相对于线性幅值将减小,因而阻尼器吸收功率也减小(见图4-4)。

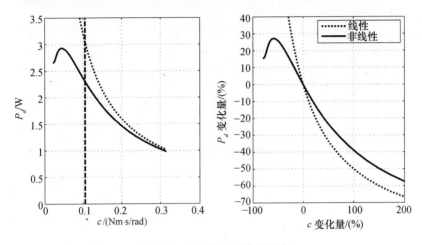

图4-3　PTO 阻尼系数的影响

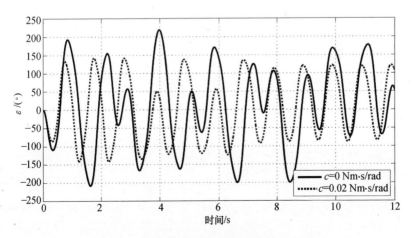

图4-4　零阻尼及小阻尼的时域响应(ε 轴)

图 4 – 5 描述了浮体沿纵摇方向的力矩:T_δ 达到了为相对额定点两倍的值。此时,如果出现 PTO 阻尼作用失效而不是刚度(如,刚度由机械弹簧提供,而非直接由 PTO 提供的情况)时,应格外注意,因为此力矩沿 δ 坐标方向作用于整个结构。这种情况下,可能出现的情况是 $\dot\varphi$ 的减小,如果 $\dot\varphi$ 减到太小,应紧急制动 ε 轴。本文的线性模型在小阻尼情况下,不能估测系统性能,而在大阻尼时会低估吸收功率。

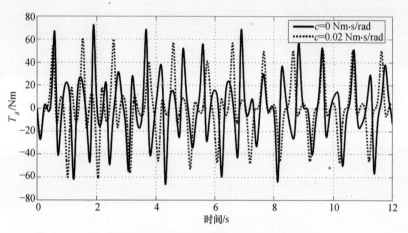

图 4 – 5   零阻尼及小阻尼的时域响应(T_δ 轴)

4.3   飞轮转速及纵摇角

本节分析 $\dot\varphi$ 及 δ_0 变化引起的对系统性能的影响。传递函数式(2 – 14)的模正比于飞轮转速和纵摇角这两个参数,这两个参数的变化对系统的影响作用相同。理论上,随着增大 $\dot\varphi$ 或 δ_0,则吸收功率将无限增大,但是系统的非线性特性,使功率限制在额定功率的三倍范围内。随着吸收功率的增大,纵摇方向力矩也增大。仅当这两个参数减小时,线性系统模型才是一个性能良好的估计器(通常 ε_0

幅值照例减小）。图 4 - 6、图 4 - 7、图 4 - 8 是 $\dot{\varphi}$ 及 δ_0 变化引起系统性能变化的仿真效果。

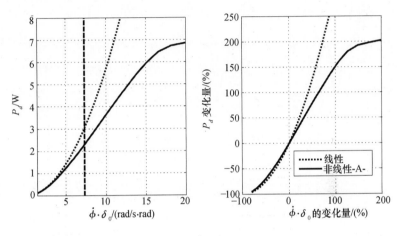

图 4 - 6　$\dot{\varphi}$ 及 δ_0 的影响

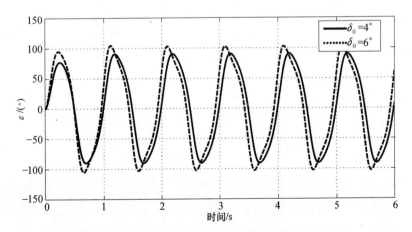

图 4 - 7　增大 δ_0（ε 方向）的时域响应

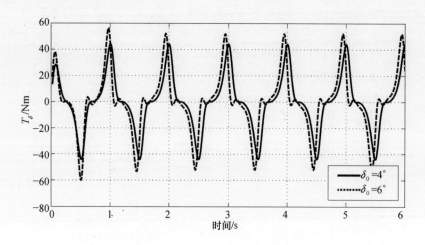

图 4 – 8 增大 δ_0（T_δ 方向）的时域响应

4.4 波 浪 频 率

本节介绍系统的频率响应。是否与入射波协调，ISWEC 系统性能差别很大。图 4 – 9 给出了吸收功率相对于波浪频率的曲线：随着频率减小，吸收功率减小，如果频率增大，功率缓慢增大，直至极限的 +30% 左右。线性系统模型，仅在低频段预测良好。如果装置与入射波发生共振，则阻尼器吸收的功率无限增大，此时线性系统模型的预测几乎完美（见图 4 – 10 及图 4 – 11）[1]。如图 4 – 11 所示，无论何种条件下非线性刚度可调系统都比非线性常刚度系统产生更多的功率。

---

① 频率响应分析时，没有考虑以下情况：随着 ISWEC 产生功率的增加，则作用于浮体的 T_δ 随着阻尼增加而增加（T_δ 与 $\dot{\delta}$ 共振），则依据流体力学可知，浮体的摇摆幅度减小。

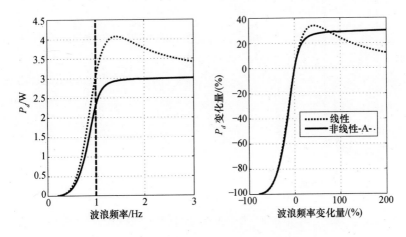

图 4 - 9　波浪频率 ω 的影响(k = 常值)

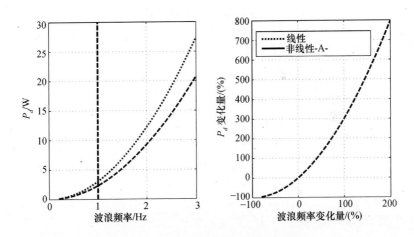

图 4 - 10　波浪频率 ω 的影响(k 可调节)

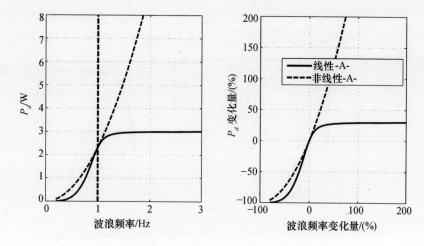

图 4 – 11　波浪频率 ω 的影响(可调与非可调系统的对比)

4.5　本 章 小 结

本章对 ISWEC 原型机进行了参数分析。现阶段,仅分析了机械系统的电能生产能力,而没有分析浮体水动力。主要分析结果表明,当 ISWEC 与入射波协调时,系统运行状态最佳。通过调整飞轮转速,可以调节系统吸收功率。例如,当入射波造成装置纵摇角过大,甚至是大浪时,可以通过减小$\dot{\varphi}$而只吸收额定功率的能量。当波浪过大出现危险时,可以制动飞轮,从而关闭陀螺效应(进而锁定 PTO)。如果 PTO 被锁住,则整个装置就和一段浮筒无异。

已经证明,线性模型在刚度变化及 ε 减小的变化时,估计系统响应是可靠的。其他情况下,线性模型仅是一个粗略估计,系统性能需要采用非线性模型仿真进行正确评估。

最后,图 4 – 12 描述了波浪周期与 ISWEC(虚线)吸收功率P_d的关系曲线。点虚线表示入射波的功率密度P_D。波浪功率密度正比于波浪周期,而功率吸收能力随波浪周期而减小。因而,当波浪能量大时,ISWEC 吸收的能量反而少,反之亦然。从而得出两点结论:短周期波浪能量较少,ISWEC 更适合开采短周期波浪。ISWEC 可能不是一个大功率装置。

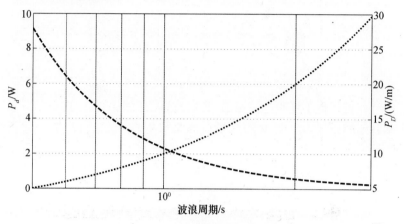

图 4 - 12   相对波浪周期的功率密度
虚线——可调系统;点虚线——入射波功率密度。

第5章 台架试验

在进行爱丁堡水池试验前,我们对海浪模拟试验台进行了一系列台架测试试验。试验的目是对原型机的性能进行评估,并验证ISWEC 的数学模型。

5.1 海浪模拟试验台

海浪模拟试验台主要由铰接四边形机械装置组成(见图 5 - 1、图 5 - 2),该装置通过直流电机持续旋转运动 θ,在摇摆平面上生成规则的正弦运动 δ。当震荡 δ 的振幅较小、电机转速恒定时,δ 震荡可以产生一个理想的正弦运动曲线。

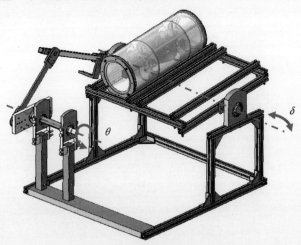

图 5 - 1 海浪模拟试验台示意图

图 5 - 2　海浪模拟试验台照片

　　通过调节图 5 - 3 中 a 的长度,可调整海浪模拟试验台的振幅 δ_0,调整步长为 $0.5°$,范围由 $1.5° \sim 15°$。调节直流电机电压,可调整海浪频率。直流电机与一个高传动比齿轮箱相连接。这个齿轮箱可以减小摇摆平面上 ISWEC 原型产生的扰动力矩 T_g 对电机的影响,并且产生一个近似常数的转速。

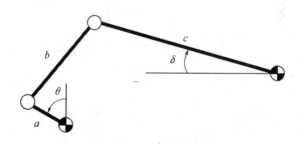

图 5 - 3　机构运动简图
(a 调节范围($10 \sim 140\text{mm}$), $b = 400\text{mm}$, $c = 600\text{mm}$)

5.2 传 感 器

为了评估原型机的性能并进行数学模型验证,台架试验中须监测系统的 ε、δ 和 T_ε 等信号。通过 PTO 的编码器检测位置信号 ε,参见图 3 - 12。对编码器位置信号时间求导,获得速度信号。通过测力传感器来测量作用在 PTO 上的力矩,这个测力传感器与一个杠杆臂一起被安装在 PTO 的定子上。δ 运动通过一个有线传感器进行检测(图 5 - 2 中靠近右侧的灰色小盒子)。陀螺仪的角速度可以通过感应传感器检测(见图 5 - 4)。每当飞轮 3 个辐柄中的一个经过对应的传感器时,传感器会产生 +5V 的电压,TTL 逻辑电平为 1。通过测量传感器产生的方波频率并除以 3,就可以获得角速度。

电感传感器

图 5 - 4　感应传感器测量飞轮角速度

5.2.1　测力传感器

测力传感器 DACELL UU - K5 安装如图 5 - 5 和图 5 - 6 所示。其主要性能如表 5 - 1 所示。测力传感器和两个球形关节 SKF

44

SIKB6F 一起悬挂在端点处,用于测量作用力而不是弯曲力矩。作用在 PTO 上的力矩通过测量由已知增益的元件和杠杆臂产生的电压来测得。

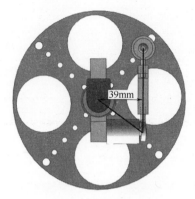

图 5 - 5　转矩测量装置

图 5 - 6　安装测量阻尼力矩测力传感器的 PTO

表 5 - 1　测力传感器 DACELL UU - K5 的主要性能参数

额定电容(R. C.)	5kgf
额定输出(R. O.)	2.0mV/V1%
非线性	0.03% of R. O.

（续）

磁滞性	0.03% of R. O.
再现性	0.03% of R. O.
额定电容上的热效应	0.05% of load/10 C
补偿后的温度范围	−10~60℃
励磁(建议)	10V
安全负载	150% R. C

5.3 数据采集系统

为了获取传感器信号,系统配置了 NI USB −6259 数据采集卡,通过 USB 连接到计算机上(见图 5 −7)。计算机运行检测程序,以 100Hz 的频率记录、显示数据(主要信号频率是 1Hz,因此每个信号周期 100 个采样点足以获取系统的动态信息)。

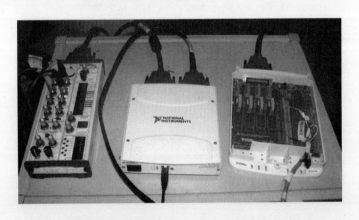

图 5 −7 数据采集系统组成(中间是 NI USB −6529 DAQ 卡,
左边是 BNC 2120 连接板,右边是 SCC 68 板。)

表 5 - 2　NI USB 6259 DAQ 卡的主要性能

模拟输入	
通道数目	16 个不同级别的或是 32 个单独的
A/D 转换器分辨率	16bits
采样率	单通道 1.25MS/s
	多通道 1.00MS/s(平均值)
输入范围	±10V, ±5V, ±2V, ±1V, ±0.5V, ±0.2V, ±0.1V
输入阻抗(设备)	>100GΩ 并联 100pF 时
模拟输出	
通道数目	4
A/D 转换器分辨率	16bits
最大更新率	
1 通道	2.86MS/s
2 通道	2.00MS/s
3 通道	1.54MS/s
4 通道	1.25MS/s
输出范围	±10V, ±5V
输出阻抗	0.2Ω
输出电流驱动	±5mA
数字输入/输出	
通道数目	32
信号类型	TTL
计数器/定时器	
计数器/定时器的数目	2
分辨率	32bits
内部基准时钟	80MHz,20MHz,0.1MHz

5.3.1　滤波

除编码器外,其他信号均是模拟信号,因此,会与电缆天线效应产生的噪声混合在一起。采集数据通过低通6阶巴特沃斯滤波器以消除噪声,其截止频率为10Hz,是主频的10倍频。

如图5-8所示,滤波器会使输入数据产生相位滞后。为了避免这种效应,将时间关系曲线滤波、反向、再次滤波,最后再次反向。这个处理过程采用MatlaB filtfilt函数完成。图5-9显示了原始波形和滤波后波形的对比。

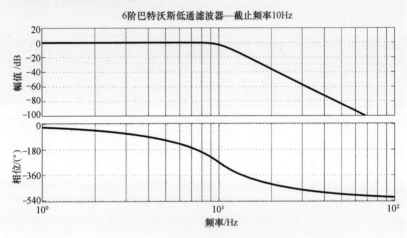

图5-8　巴特沃斯滤波器的波特图

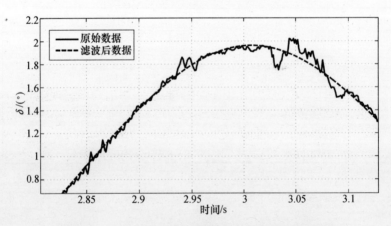

图5.9　Matlab filtfilt 函数实现巴特沃斯滤波的效果图

如果没有特别地指出,以后所有的试验数据均使用之前介绍的方法来滤波。

5.4　阻　尼　系　数

ε 轴的弹性力和阻尼力来源于 PTO。EPOS2 控制器可以设置为力矩控制模式。在这种模式下,它会产生一个与加载到 EPOS2 上的外部模拟参考量成比例的力矩。这个参考信号通过 NI USB – 6259 DAQ 卡的模拟通道输出。该信号由编码器采集,送入 EPOS2 和数据采集卡。数据采集系统软件和循环位置编码器,对位置信息 ε 时间求导得到速度,并标明模拟输出信号为 0 的电压,这个电压与力矩 T_ε 成比例,其中 $T_\varepsilon = k\varepsilon + c\,\dot{\varepsilon}$。EPOS2 采用峰值 30V、50kHz 的 PWM 调制,内部控制循环采用 10kHz 的电流模式。电机的电气常数为 670Hz。因此,系统电气部分频率远高于 1Hz 主频。另一方面,微软 Windows 环境下的 Labview 将编码信号转换成参考力矩信号,存在不确定性。我们通过试验,发现将工作频率设置为 100Hz[①] 时,以最大 8ms 的采样周期进行数据采集,100Hz 这个值可以大大减小[②],但是对于本项目,其高出海浪频率两个数量级,方可采用其输出信号作为力矩参考信号。因此数据采集和参考信号发生器在 100Hz 条件下运行,并与 DAQ 卡 100kHz 物理时钟同步。

这种配置的 PTO 特性与没有机械弹簧的刚度可调的"阻尼器 + 弹簧"系统特性一样。电子弹簧是可靠的:例如设置 PTO 像弹簧一样运动,并对其轴施力使之具有一个初始角度,然后释放,则其轴会以初始振幅振荡数十个周期,且 100 多个周期后才会回到 $\varepsilon = 0$ 的位置。然而,由于机械弹簧价格便宜而且实现快速,所以在 PTO 轴线

---

① 该软件运行平台配置为英特 2GHz 奔腾 IV 处理器,2GBRAM 及专业 SP2 版 Winclous XP。

② 为在不同的实验环境,使用 LabVIEW 实时模块采样周期达到 10μs 的要求,可以采用两台计算机[35]。

上安装两个线性弹簧组成的机械弹簧杠杆臂。弹簧系统调整为1Hz,可以轻易实现弹簧与PTO轴的通断。

cfg. A 时,ε 轴的阻尼系数是0.106(Nm·s/rad)。这是PTO产生的阻尼与轴承摩擦和空气摩擦的阻尼系数之和。如果关闭陀螺,轴承的摩擦相对很小。如果飞轮以2000r/min旋转,由于飞轮旋转引起的"风扇"效应产生的总摩擦增大,从而增大了 ε 轴上的摩擦力矩。为了估算作用在 ε 轴摩擦产生的阻尼系数,EPOS2控制器的设置,使PTO的运动类似于一个纯弹簧:飞轮以2000r/min旋转,含飞轮的结构体被手动调整偏离初始位置 ε_{inital} =50°位置,然后释放。通过编码器检测到系统欠阻尼振荡运动如图5-10所示。该振荡运动的理论表达式如下:

$$\varepsilon(t) = \varepsilon_{inital} \cdot e^{-\zeta \omega_n t} \cdot \cos(\omega_n \sqrt{1 - \zeta^2} \cdot t + \Phi) \quad (5-1)$$

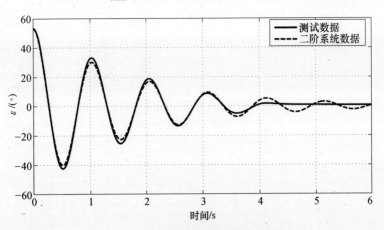

图5-10 ε 轴摩擦产生的阻尼系数

未知的 ζ、ω_n 和 Φ,采用最小二乘拟合法计算。从技术上来讲,这已经是标准误差向量(实际位置 ε 和理论响应的差)并采用Matlab fminsearch 函数找到3个参数中最小的标准误差向量。代码如下,其中 out_epsilon 是试验响应,out_time 是数据采样时间。向量 X 是[ζ,ω_n,Φ]初始值。

```
Myfun_gio = q(x)norm(out_epsilon···
(out_epsilon(1) * exp( - x(1) * x(2) * out_time).* ···
cos(x(2) * sqrt(1 - x(1)^2) * out_time + x(3))));
x_def = fminsearch(myfun_gio,[1,2 * pi * 1 20 ⁄180 * pi])
```

fminsearch 输出为 $\zeta = 0.0908$，$\omega_n = 6.23\mathrm{rad/s}$。从 ζ 的定义中可以计算 c：

$$c_{friction} = \zeta \cdot 2 \cdot \sqrt{k \cdot I} = 0.0199(\mathrm{Nm \cdot s/rad}) \qquad (5-2)$$

这个值不能被忽略，它几乎是期望值的 20%。因此要考虑摩擦，减少 PTO 的阻尼 $0.02\mathrm{Nm \cdot s/rad}$。

5.5　额定条件下的台架试验(配置 A)

海浪模拟试验台上进行配置 A 的 ISWEC 原型机(参见 3.4 节)测试。设置海浪模拟试验台为幅值 2°、频率 1Hz 的正弦波。运行期间，原型机与运动平台相互作用力矩为 T_δ。通过手动调节电压可以调整运动平台电机的速度。因为没有电动机速度控制器，扰动 T_δ 会使速度发生改变，δ 不再是一个正弦波。图 5-11 描述了原型机运行时 δ 的数据，图 5-12 是试验曲线与理想规则曲线的对比。

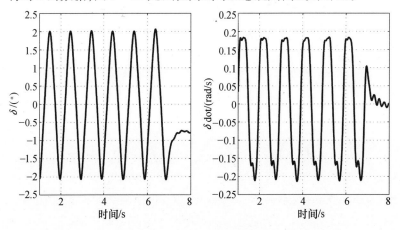

图 5-11　额定条件下 ISWEC 的海浪模拟试验台生成的输入 δ

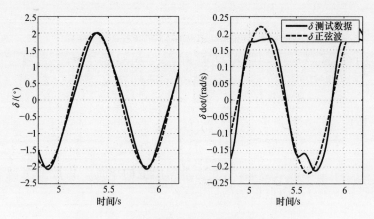

图 5 - 12　试验曲线与理想正弦曲线 δ 的对比

在真实 δ 输入情况下，数学模型仿真和试验结果对比如图 5 - 13、图 5 - 14 所示。根据试验数据，通过 5.4 节摩擦力计算获得力矩和功率曲线。

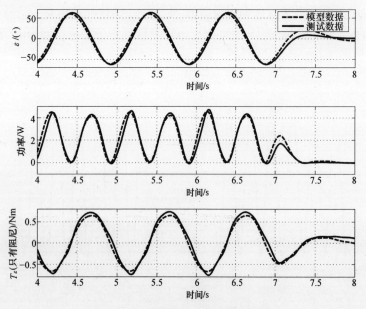

图 5 - 13　试验结果与数学模型的比较

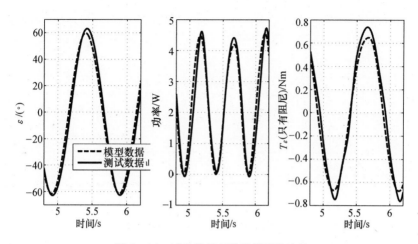

图 5 - 14　试验结果与数学模型的比较

　　6 个周期中,阻尼器(PTO + 摩擦)吸收的平均功率为 P_b,数学模型计算值是 2.22W,实际测试是 2.27W(+ 2.2%)。这是由于存在几何尺寸、传感器精度和测量误差,造成试验测量结果和数学模型之间存在一些微小的误差。因为数学模型结果与实际系统很接近,所以本项目采用的数学模型是可信的。

第6章 水池测试

2009年7月6日到9日,在爱丁堡水池进行了ISWEC测试。本章将介绍试验设备、试验过程和试验结果。

6.1 爱丁堡水池

爱丁堡水池能生成规则和不规则海浪水池概貌及局部细节见图6-1、图6-2及图6-3,造波情况详见3.1节和文献[33]。爱丁堡水池额定工况下模拟的海浪是太平洋东北部海浪的1/100,因而海浪的高度相对较低(最高约为110mm),并且频率区间很高(理论上在0.5~1.6Hz之间)。本项目中爱丁堡水池生成频率1Hz、波长1.56m、高度100mm的"额定波"。第3章的原型机设计就是采用这个"额定波"。爱丁堡水池深1.2m,这个深度远大于波长的一半,因而可视为处于深水域中。

图6-1 爱丁堡弧形水池

图 6-2　二维波

右侧的造波机生成海浪,左侧"海滩"吸收余波。

图 6-3　"海滩"特写

6.2　试 验 设 备

爱丁堡水池的测试设备(数据采集卡、软件和设备,见图 6-4 及图 6-5)与第 5 章台架试验相同。除了待测试的 T_g 力矩外,其他已经获得的数据均与台架试验测试的数据相同。事实上,优化数据采集系统时,编码器出现了一个问题:由于连接器的问题,编码器信号混杂了很多尖峰。对该信号进行时间求导,得到 $T_g = k\varepsilon + c\dot{\varepsilon}$,因而造成 EPOS2 控制器设定的力矩出现尖峰。同样,如果没有妥善安装测力传感器,将损伤 PTO 上的测力传感器,并造成测力传感器的一系列校准误差。整个过程只持续几秒,因而不可能被保存。尽管如此,在知道 EPOS2 设置后,可以通过数学手段重构 T_g。

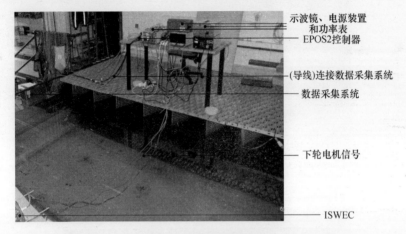

示波镜、电源装置和功率表

EPOS2控制器

(导线)连接数据采集系统

数据采集系统

下轮电机信号

ISWEC

图 6 - 4　ISWEC 控制台

图 6 - 5　水池的另一个视角

ISWEC通过设备前段的两条绳索进行系泊(见图6-6),设备后端不需要系泊,因为信号线的刚度足够保持设备在相应位置(不幸的是信号线刚度过大,影响了系统的动力)。

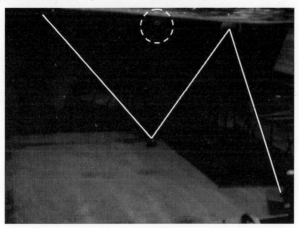

图6-6　一条系泊索(虚线圈标明处是设备后端漂浮的第二条系泊索)

6.3　主 要 测 试

水池控制器设置为"额定浪",进行了一些小波高的初步测试。试验情况如图6-7、图6-8所示,试验设备几乎是静止地漂浮在水面上。如果关闭陀螺,则浮子实时地随波起伏运动。一旦启动陀螺,陀螺稳定力矩 T_δ 立刻作用于浮子,减小浮子的纵摇运动。由于浮子运动减弱,设备吸收的平均功率很小,本测试为0.061W。

为了使波浪运动通过浮子传递到陀螺系统,使用了两个额外的漂浮物,但情况只是稍微有所好转(见图6-9、图6-10):捕获能量由0.061W提高到0.12W。

显然,现有浮子不能从水中获得陀螺所需的纵摇力矩。于是我们决定大幅度增大浮子的尺寸:ISWEC安装在整块硬发泡板上,板宽1200mm,长800mm,厚40mm。新的平板式浮子如图6-11所示。

图6-7   配有侧漂浮物和额外漂浮物的装置

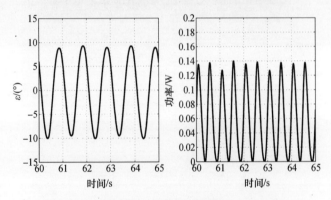

图6-8   系统时域响应

图6-9   小波情况下的运行设备

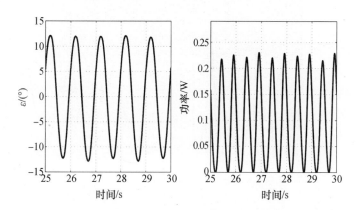

图6-10 带有额外漂浮物的系统时间响应

图6-11 平板式浮子

改进后,ISWEC 的性能显著提高:如图 6-12 所示,陀螺振荡 $\varepsilon_0 = 56.3°$,接近配置 A 的额定值 60.7°。此情况下,系统吸收的平均功率是 2.06W。

如图 6-13 所示,由于不能直接测量纵摇角 δ,为了获得 $\delta(t)$,再次采用第 2 章的非线性运动方程,并通过数学变换将 δ 分离出来,如下所示:

$$I\ddot{\varepsilon} + c\dot{\varepsilon} + k\varepsilon = J\dot{\varphi}\dot{\delta}\cos\varepsilon \qquad (6-1)$$

$$\dot{\delta} = \frac{I\ddot{\varepsilon} + c\dot{\varepsilon} + k\varepsilon}{J\dot{\varphi}\cos\varepsilon} \qquad (6-2)$$

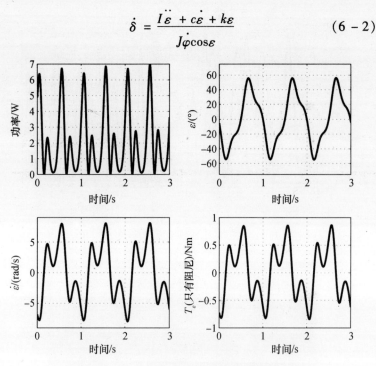

图 6 – 12　平板式浮子的系统时域响应

图 6 – 13　平板式浮子及系统

　　如图 6 – 14 所示,通过对速度 $\dot{\delta}$ 积分得到浮子纵摇角 δ。虽然系统主要参数的估计存在误差,估算不能十分精确,但是通过估算浮子纵摇角介于 $2°\sim3°$ 之间,因而证实了 3.2 节提出的假设 $\delta_0 = 2°$。

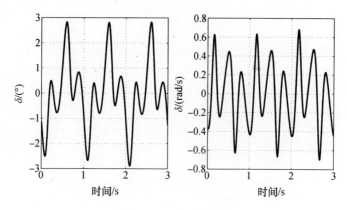

图 6 - 14　浮子纵摇角 δ

　　为了准确测量浮子运动,后文将介绍在意大利都灵理工大学水动力系进行的水池测试。测试浮子上安装了带 3 个微型陀螺的惯性传感器,用于测量浮子运动姿态。

6.4　波浪能量估算

　　在水池测试时,采用摄像机将玻璃壁上的入射波记录下来,如图 6 - 15 所示,处理视频捕捉到的自由水面得到波浪轮廓。如果玻璃壁上的波浪轮廓是完整的,并将其等效为相应的规则正弦波[①],就能估算出波能密度[②]。摄像机 25 帧/s,图像分辨率相对较低(为 640 × 480),则波高分辨率为 7mm。

$$P_D \approx 1000 H^2 T = 1000 \times 0.1092^2 \times 1.003 = 11.96(W/m)$$

$$(6 - 3)$$

---

①　曲线拟合程序见 5.4 节。
②　该方法 3 改善 3 节 7 章水槽试验的测试,已采用高清晰摄像机捕捉波浪。水池可使用阻波器测量波高,不幸的是由于标校时传感器损坏,造成下次试验未能使用。

图 6-15 波浪轮廓(紫色线条为捕获的波浪轮廓,图中 A 处)

如图 6-16 所示,相应的波高为 109.2mm,而波浪周期为 1.003s。该波能功率密度是 11.96W/m,因此,额定入射波能量是:

$$P_D \cdot width = 11.96\text{W/m} \times 1.2(\text{m}) = 14.35\text{W} \quad (6-4)$$

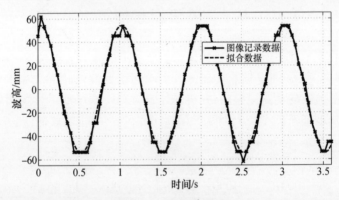

图 6-16 海高时间曲线

得到相对捕获宽度 $RCW = \dfrac{2.06}{14.35} = 14.3\%$,约是设计值的 1/6。

尽管估计吸收功率 P_d 和波能功率密度 P_D 过程不是十分严密,最终估算值受到不可忽略的不确定性因素的影响,但爱丁堡大学水池的 ISWEC 原型机测试,是原型机的第一次"水中试验",并获得了首个设备的性能数据。

　　然而,我们依然需要进一步测试。

第7章　水槽测试

在爱丁堡大学的水池中以频率1Hz、波高100mm的规则波,对原型机性能进行了测试。不过,测试数据不完整,未能系统地研究系统特性。因而,在意大利都灵理工大学水动力系试验水槽,在同样的波况条件下,进一步精确地研究原型机性能。通过在系统中集成一套陀螺传感器,对浮子的摇摆运动进行测量。

7.1　水　槽

如图7-1、图7-2和图7-3所示,该水槽造波性能满足小比例ISWEC原型机试验要求:当水槽水深500mm时,电力驱动的造波机能生成频率高达3Hz、波高150mm的规则波。水槽长50.4m,深930mm,宽610mm。其侧壁为树脂玻璃,便于试验观察。一条大口径的水槽输水管直接与高位蓄水池相连,能在几分钟内将水槽充满。蓄水池的水由水动力实验室的地下水管供给。

本试验,水槽中安装了高分辨率(1920×1088)摄像机,透过水槽侧面树脂玻璃测量入射波。

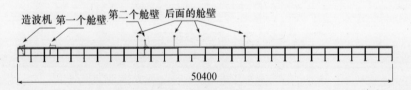

图7-1　水槽草图

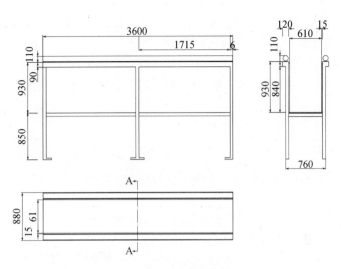

图 7 - 2　14 个双节水槽中的一个

图 7 - 3　造波机

7.2　陀螺传感器

MTi 传感器如图 7 - 4 所示,是姿态、航向参照系(AHRS)增强型微陀螺传感器。MTi 陀螺传感器的参考坐标系定义如图 7 - 5 所示。其内置陀螺系统,可自主测量传感器自身的转动率并配置有一个三维加速度计。不仅如此,还配置有三维地球磁场传感器测量地球的相对方位。传感器由 USB 供电,并提供了软件包接口,Labview、Matlab 等高级软件可直接对其进行读取。低功耗信号处理器可提供自由漂移的三维姿态、三维加速度和三维转动率信号。这种传感器已广泛应用于相机稳定、机器人和运输工具上,主要性能见表 7 – 1。本项目采用它测量浮子的姿态。

图 7 – 4 MTi 陀螺传感器

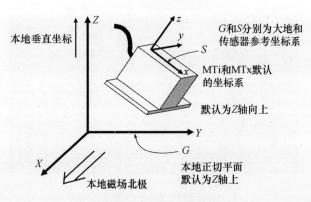

图 7 – 5 MTi 参考坐标系

表 7 – 1 MTi 主要性能

	转率	加速度	磁场
维度	3 维	3 维	3 维
量程	±300(°)/s	±50m/s²	±750mGauss
线性度/%	0.1	0.2	0.2

66

	转率	加速度	磁场
安装误差/(°)	0.1	0.1	0.1
频带宽度/Hz	40	30	10
A/D 转换器分辨率/bits	16	16	16
取样率/Hz	最大值 120Hz	最大值 120Hz	最大值 120Hz

7.2.1　与有线传感器的比较

为了评估 MTi 传感器性能,原型机运行时,将其与海浪模拟试验台相连,通过这种方法比较有线传感器与 MTi 传感器的性能。测试结果如图 7-6、图 7-7 所示。

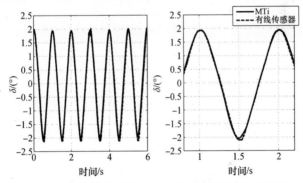

图 7-6　有线传感器和 MTi 传感器检测的 δ 比较

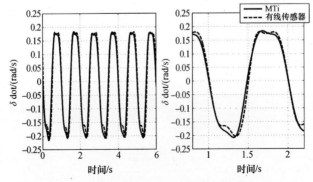

图 7-7　有线传感器和 MTi 传感器检测的 $\dot{\delta}$ 比较

7.3 浮　子

　　爱丁堡水池试验时采用硬发泡板,提高了原型机浮子性能。本项目浮子宽 570mm,并配有两个深入水中稳定原型机横摇运动的鳍。浮子底部形状如图 7 - 8 所示。浮子上部有圆柱形空间,可安装直径 230mm 树脂外壳管状的 ISWEC 原型机。浮子制作步骤如下:

　　(1)制作木质内框架,并具有图 7 - 9 所示底部外形的主结构体;

　　(2)安装主结构体底部的树脂薄板;

　　(3)安装主结构体两侧的外部鳍;

　　(4)将聚氨酯泡沫注入主结构体,并在泡沫凝固前,在主结构体上部空间安装树脂管;

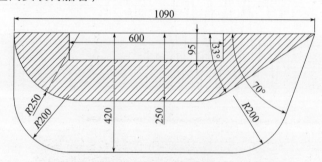

图 7 - 8　浮子尺寸图

图 7 - 9　浮子三维效果图

68

（5）一旦泡沫凝固，立刻取出树脂管，并擦出管上残留泡沫。

按上述步骤，一个完全满足原型机外壳安装要求，并可保证原型机重复定位安装的坚固浮子就基本制作成功。最后在两鳍外表面涂上聚四氟乙烯以减小设备摇晃过程中与水槽壁的摩擦，至此，浮子的制作工作全部完成。

7.4 试验设备

试验设备及原型机如图 7－10、图 7－11 所示，原型机安装在浮

图 7－10 试验设备

图 7 - 11　原型机照片

子上,与数据采集系统和电源装置连接,并一起放入水槽中。在水槽上游安装一架摄像机记录波形。水槽的水用可生物降解的粉红色颜料染色,便于摄像机能够捕捉海浪形状。PTO 的 EPOS2 控制器及旁边的测力传感器信号调节器,一起布置在水槽顶部的石膏板上。浮子由图 7 - 12 所示的索具系泊在水槽底部。

　　测试信号如下:

　　(1) PTO 轴位置角 ε(计数器输入);

　　(2) 测力传感器(模拟输入);

　　(3) Z 轴的加速度计——用于同步(模拟输入);

　　(4) 测量 $\dot{\varphi}$ 电感传感器 (计数器输入)。

MTi 数据采集系统:

　　(1) 浮子横摇、纵摇和艏摇角(χ,δ 和 φ)及角速度($\dot{\chi},\dot{\delta}$ 和 $\dot{\varphi}$);

　　(2) Z 轴加速度——用于同步。

　　第三台 PC 机用于 EPOS2 控制器的编程。这里不再使用力矩控制,而是采用速度控制。实际上仅设置速度回路 PID 控制器的比例增益,则电动机电流(即作用在 PTO 轴上的力矩)与速度误差成比例。如果速度点设置为零,则系统特性就类似于一个线性阻尼器。因此不需额外的编码器,也不需要计算设置点的力矩反馈给 EPOS2

控制器的模拟输入端。

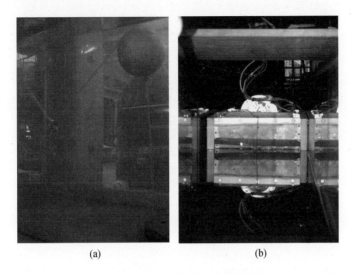

(a)   (b)

图 7 - 12 系船索泊具与水槽前视图
(a) 系泊索具;(b) 水槽前视图。

7.5 前期试验:设备关闭

  为了评估浮子特性,第一个试验情况:波长为 100mm,频率为
1Hz[①],飞轮转速 $\dot{\varphi}=0$。此时,ε 轴方向上有轴承微小摩擦力矩阻碍
陀螺旋转,陀螺系统像一个整体重物样运动。为了彻底锁住 ε 轴,将
EPOS2 控制器设置为位置控制模式:通过给定一组数值为 0 的点,
控制器将陀螺保持在中心位置处。图 7 - 13 所示浮子纵摇角 δ 的时
间曲线,显示 δ_0 的运动幅值约为 10°。

---

  ① 仅在造波前,能够设置造波机控制器的波浪频率,这个值设置在 1Hz,1.0194Hz
附近。

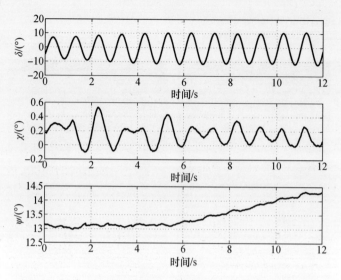

图 7 – 13　在 ISWEC 转换器关闭的情况下漂浮物的欧拉角

7.6　主　要　试　验

在额定条件下[①],进行了第一次水槽测试,之后在改变陀螺转速
$\dot{\varphi}$ 的情况下进行了一系列测试,以评估额定条件之外的系统性能。

7.6.1　额定条件

系统参数设置为额定值,生成波为额定波。数分钟后,水槽波与
ISWEC 相互作用达到平衡:如图 7 – 14 所示,尽管 ISWEC 受力矩 T_δ
的作用,但 ISWEC 几乎保持静止,就像一堵与水槽一样宽的墙,将所
有的入射波浪反射回去。

反射波浪反射回造波机处的波形,取决于反射波浪和造波机的
相位,这些反射波能够被再次反射,与新生成的波浪一起运动到

---

① 指 cfg. A 情况,详见 3.4 节。

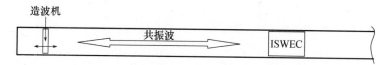

图 7 - 14　共振波

ISWEC 处,这造成了一种"击打"现象,使得波幅大于设定值,超过了浮子。为了不损伤传感器(传感器并非完全防水),减小幅值为 70mm。图 7 - 15 和图 7 - 16 显示了 ISWEC 运行时的波况。

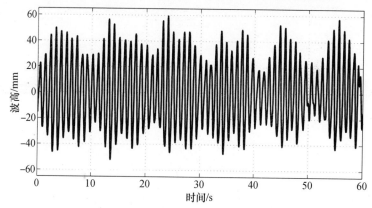

图 7 - 15　陀螺转速 2000r/min 时的波高曲线

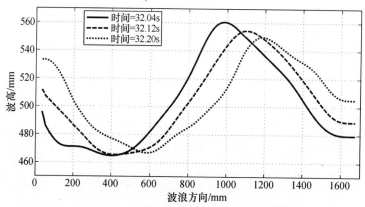

图 7 - 16　陀螺转速 2000r/min 时的波高曲线

7.6.2 波能估算

对摄像机拍摄图片进行处理得到时间序列,通过对时间序列的精心处理可以估算出波能密度。图 7 – 17 所示为视频记录的一帧。

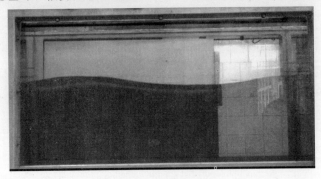

图 7 – 17 摄像机记录

在这个试验中,波浪信号是波浪样本高度的时间遍历。

在频域中处理样本数据并进行波能分析[36]。

信号 $x(t)$ 的自相关函数 R_{xx} 定义为

$$R_{xx}(\tau) = E[x(t) \cdot x(t+\tau)] \tag{7-1}$$

式中:$x(t)$ 是一个平稳随机过程;$E[\cdot]$ 为期望值。功率谱密度函数定义为 $R_{xx}(\tau)$ 的傅里叶变换:

$$S_{xx}(\omega) = \int_{-\infty}^{\infty} R_{xx}(\tau) e^{-j\omega\tau} d\tau \tag{7-2}$$

功率谱函数是信号平均功率在频域的分解,事实上:

$$Var(x(t)) = \sigma_x{}^2 = \int_{-\infty}^{\infty} S_{xx}(f) df \tag{7-3}$$

这个功率谱密度函数的 n 阶矩定义为

$$m_n = \int_0^{\infty} f^n S_{xx}(f) df \tag{7-4}$$

如图 7 – 18 所示,峰值出现在频率为 1.002Hz,与水槽所设置的 1.0194Hz 相吻合。

74

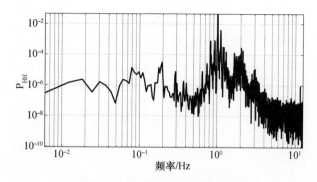

图 7 – 18　波高功率谱密度

有义波高 H_s,波能周期 T_e 和波能密度 P_D 估计公式[9][①]如下:

$$H_s = 4\sqrt{m_0} = 4\sqrt{6.609 \times 10^{-4}} = 102.8\text{mm} \tag{7-5}$$

$$T_e = \frac{m_{-1}}{m_0} = \frac{6.478 \times 10^{-4}}{6.609 \times 10^{-4}} = 0.981\text{s} \tag{7-6}$$

$$P_D = \frac{c}{16}T_e H_s^2 = \frac{7.87}{16} \times 0.981 \times 0.1208^2 = 4.997\text{W/m} \approx 5\text{W/m} \tag{7-7}$$

浮子宽度为 570mm,则入射波额定功率是 $P_D \cdot W = 4.997 \times 0.57 = 2.85\text{W}$。

7.6.3　力学分析

浮子纵摇角小于设计的 ±2°,纵摇功率谱密度的低频"脉动"如图 7 – 19 所示。

---

①　根据 Airy 线性波理论($w^2 = gk\tan(kd)$)的色散关系,建立了波浪周期与波数的关系。根据水深估算波数的公式(当水深大于波长一半时,认为是深水:现在波长 1.5m,水深 505mm,满足深水条件),$k = \dfrac{2\pi}{\lambda} = \dfrac{4\pi^2}{gT_e^2} = 4.19$。将该值代入色散关系公式中,迭代收敛于真实波数 $K = 4.011$,比深水波数小 4.2%。由于差别微小,本书的深水条件成立,因此式(7 –7)中的估计系数 $c = \dfrac{\rho g^2}{4\pi} = 7.87\left(\dfrac{\text{kWs}}{\text{m}^3}\right)$。

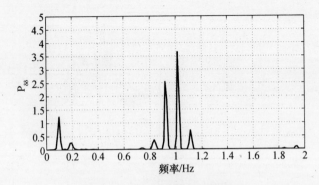

图 7 - 19　浮子纵摇功率谱密度

　　分析、处理一段长约 90 个波周期含大约 9 个低频脉动的数据，用时 91.75s。通过上述方法可以估算获取信号的平均值。系统的时域特性如图 7 - 20 和图 7 - 21 所示。

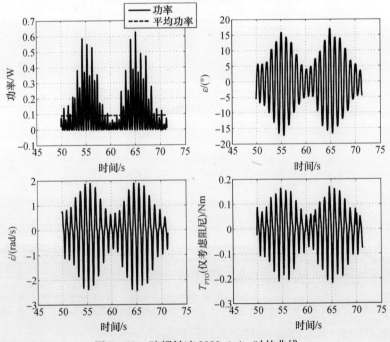

图 7 - 20　陀螺转速 2000r/mim 时的曲线

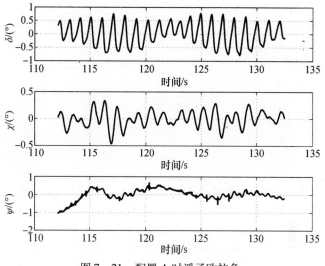

图 7 - 21 　配置 A 时浮子欧拉角

此时系统的主要数值与设计值相差较远,这种情况下,浮子不能把波浪能量传输到系统。输入到 PTO 的平均能量是 0.08W。换句话说,由于 $\dot{\varphi}$ 的值大,绕 ε 轴转动的一个小速度就足以产生一个大的力矩 T_δ:T_δ 和 $\dot{\delta}$ 几乎同相,所以 ISWEC 对 δ 轴作用效果与一个大阻尼器[①]一样。参考我们正在进行的浮子试验,因为过大的阻尼因子,实际上抑制了 δ 轴的运动和能量的提取。

7.6.4　降低陀螺转速

如式(2 - 18)所示,减小陀螺转速 $\dot{\varphi}$,则作用于波浪的阻尼运动减小。如果增大幅值 δ_0,而不减小 $\dot{\varphi}$,则吸收能量的总量会增大。额定工况下,被测试设备 δ 轴方向的刚度过大,通过 5 次调整将转速 $\dot{\varphi}$ 从 2000r/mim 降到 330r/min。如表 7 - 2 和图 7 - 22、图 7 - 23 及图 7 - 24 所示,减小转速 $\dot{\varphi}$ 使浮子振荡加剧,当 δ_0 振幅增益大于转速 $\dot{\varphi}$

---

① 　线性方程(2 - 11)便于快速了解系统。

的减小,提取的能量增大到 0.89W,此时转速为 520r/min。转速 330r/min 时进行了最后一次试验,结果显示系统提取的能量减小了,这是因为 δ 增大的幅值(增大幅值为 17.2% 均方根)较小,不能补偿转速 $\dot{\varphi}$ 减小约 34% 的影响。

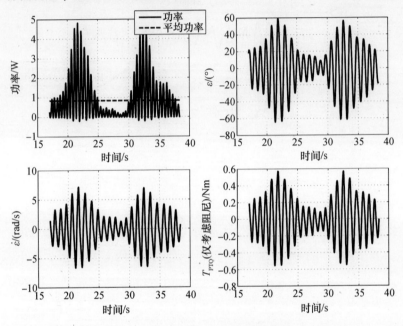

图 7-22 转速 $\dot{\varphi}$ =520r/min 时的曲线

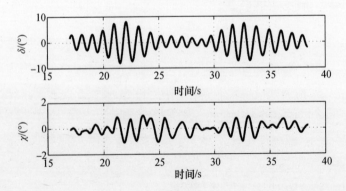

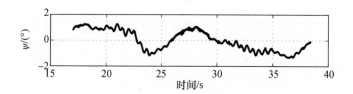

图 7 - 23 转速 $\dot{\varphi}$ = 520r/min 时浮子的欧拉角

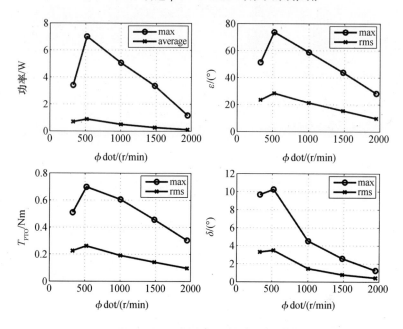

图 7 - 24 转速 $\dot{\varphi}$ 对系统的影响

表 7 - 2 改变 $\dot{\varphi}$ 的结果

$\dot{\varphi}$ / (r/min)	330	520	1000	1480	1970
P_d – average – [W]	0.7	0.89	0.51	0.28	0.11
P_d – max – [W]	3.41	7	5.06	3.36	1.17
P_D – average – [W/m]	6.59	7.21	6.54	5.53	4.997
P_R [W]	3.76	4.11	3.73	3.51	2.85

$\dot{\varphi}$ /(r/min)	330	520	1000	1480	1970
$RCW[\%]$	18.6	21.6	13.6	8.7	3.6
$\hat{P}_d$ – average – [W]	0.57	0.7	0.4	0.22	0.08
$\hat{P}_d$ – max – [W]	2.71	5.61	4.05	2.71	0.95
ε – rms –/(°)	23.57	28.49	21.31	15.4	9.7
ε – max –/(°)	51.25	73.59	58.73	43.86	28.32
δ – rms –/(°)	4.2	3.48	1.46	0.79	0.43
δ – max –/(°)	9.67	10.25	4.51	2.58	1.25
χ – max –/(°)	0.65	1.51	1.62	1.19	0.85
ψ – max –/(°)	1.42	2.1	1.45	1.83	1.57
$\dot{\varphi}$ ripple/(°)	0.98%	0.79%	0.46%	0.29%	0.27%

7.7　本章小结

本次试验,设备达到的最大相对捕获宽度是 21.6%,大于爱丁堡水池简易浮子试验的 14.3%。然而此次试验得到一个有趣的结论,为了吸收 50% 的额定功率,只需飞轮 25% 的额定转速。此情况下,δ_0 幅值大于假设的 ±2°。这说明,浮子可以以更大的幅值振动,根据式(2-19),系统以一个较小的角动量吸收了相同的能量。下一章将描述,为了进一步评估 ISWEC 性能,将在那不勒斯进行水池试验。

基于爱丁堡和都灵的水池试验,将设计更大的设备进行同样的水池试验。

第8章 1:8原型系统设计

根据爱丁堡大学、意大利都灵大学水池试验结果,完成了较大比例装置的设计。该装置计划在那不勒斯大学水池进行试验。本章重点介绍那不勒斯水池试验装置的设计工作。

8.1 水 池

那不勒斯费德里科二世大学的水池长145m,宽9m,深4.5m,配有造波机及桥式起重机。水箱能够生成规则波和不规则波,如表8-1所示。

图 8-1 那不勒斯水池概貌

表 8-1 那不勒斯水池主要特性

深	4.2m
宽	9m
长	145m

（续）

正弦波	
$\dfrac{H}{\lambda}$	$\dfrac{1}{100} \div \dfrac{1}{15}$
λ_{max}	9m
随机波	
可实现波谱	ITTC, ISSC, 皮莫二氏波谱, JONSWAP, Ochi

8.2 原型系统设计

确定水池能生成的最长规则波,则试验装置的最大可实现比例就确定了:水池生成波浪的最大波长是9m,与周期2.4s的深水规则波相同。水池深4.5m,是波长9m的一半,则水池中波长9m的波浪是深水波。

阿尔盖罗位于撒丁岛西海岸,是波浪资源最丰富的地中海城市之一,波浪功率密度达13.1kW/m。2007年当地平均波峰周期(这个周期与频谱峰值相一致)为T_p6.7s[1]。阿尔盖罗波浪并非正弦规则波,但是基频是$\omega = 2\pi/T_p$[2]。因此用周期2.4s的规则波对设备进行测试,并与周期6.7s的等效正弦波比较,得到的佛罗德(Froude)比是1:7.8[3]。这个比例在1:8附近变化,因而水池波长8.8m与周

---

① 数据来源于2009年6月网站 www.idromare.it 上 ISPRA – lstituto Superiore per la Protezione e la Ricerca Ambientale(意大利环境保护研究所)提供的相关信息。

② 将不规则波等效为规则波,应用能量周期代替波峰周期。尽管 ISPRA 网站不直接提供波浪的能量周期,但典型海浪谱上海浪能量周期与波峰周期的区别并不大,因此本书决定直接利用波峰周期进行规则波分析。

③ 主要有两种方法对 WEC 进行缩放:一是弗劳德(Froude)法,保持惯性力与重力比值为常数;二是雷诺兹(Reynolds)法,保持黏滞力与惯性力比值为常数。因在浮体的黏滞效应在边界层受限制[38],则 WEC 的缩放,保持弗劳德(Froude)数为常数。

期 2.37s 的波等效。相应的功率密度是 73.5W/m,与之对应的正弦波波高为 176mm。根据表 8-1,当波长为 8.8m 时,水池能生成波高 590mm 的波浪:为了在水池进行更深入地测试,设计的原型系统可在波高 300mm 时进行波浪发电,能在功率密度为 213W/m 这一较高的情况下运行。本章将波高 176mm 称为"Cfg. A",将 300mm 波高称为"Cfg. B"。佛罗德系数如表 8-2 所列。

表 8-2 佛罗德系数

物理量	比例系数
波浪高度和长度	s
波浪周期	$s^{0.5}$
波能密度	$s^{2.5}$
角位移	1
聚群	s^3
惯量	s^5
能量	$s^{3.5}$
角速度	$s^{0.5}$

水池试验表明,当陀螺转速为额定转速的四分之一时,浮子最大相对捕获宽度为 21.6%。设计新的原型系统时,假定其相对捕获宽度为 20%。陀螺转速为额定转速的四分之一,则 $\delta_{0,rms}$ 为 3.48° 时与波幅为 4.92° 的规则正弦波等效。为了合理地设定系统设计时的 δ_0 大小,需将现在水池的波陡与那不勒斯水池的情况进行对比分析(详见 3.2 节)。

$$\begin{cases} \lambda_{s,flume} = \arctan \dfrac{\pi H}{\lambda} = \arctan \dfrac{\pi 0.07}{1.49} 8.4° \\ \lambda_{s,Naples,Cfg.B} = \arctan \dfrac{\pi H}{\lambda} \arctan \dfrac{\pi 0.3}{8.8} 6.11° \end{cases}$$

通过对比可知那不勒斯水池的波陡比目前水池的波陡要小,则 δ_0 可能也比水池测量的 δ_0 要小。假设系统是线性的,那么将有如下关系式:

83

$$\delta_{0,Naples,Cfg.B} = \delta_{0,flume} \frac{\lambda_{s,Naples}}{\lambda_{s,flume}} = 4.92 \times \frac{6.11}{8.4}3.58°$$

其中 $\delta_{0,Naples,Cfg.B}$ 的值将围绕 δ_0 变化。

基于上述假设,设定设备宽度为 5m,以确保设备与水池侧壁保持一定距离,则可采用线性模型计算提取波浪能所必需的角动量。在 Cfg. B 条件下进行系统设计,因为这已经是最苛刻的工作条件[①]了。表 8-3 总结了设计过程。

表 8-3 设计过程

假设
$\delta_0 = 4°$
$\varepsilon_0 = 70°$
$RCW = 20\%$
浮子宽度为 5m
飞轮:$D_i/D_e = 0.9, h/D_e = 0.4$
设计过程
$P_{d,res} = RCW \cdot P_D \cdot W = 213\text{W}$
$c = \dfrac{2P_{d,res}}{(\omega \varepsilon_0^2)} = 40.6(\text{Nm} \cdot \text{s/rad})$
$J\dot{\varphi} = \sqrt{\dfrac{2cP_{d,res}}{\omega^2 \delta_0^2}} = 710.6(\text{kgm}^2 \cdot \text{rad/s})$
$T_{s0} \approx J\dot{\varphi}\,\dot{\delta} \approx 2300\text{Nm}$
$T_{e0} \approx J\dot{\varphi}\,\dot{\delta} \approx 132\text{Nm}$

8.3 非线性仿真

本书 3.4 节中,采用 Matlab/Simulink 已经搭建了系统的非线性

---

① 水槽试验表明生产所需功率的角动量比估算的要小。尽管决定采用老方法设计新原型机:如果所需角动量比设计小,则降低角速度以匹配浮体动力。

模型,这里可以使用此模型评估真实系统的性能。线性与非线性模型输出功率的对比如图 8 - 2 所示。

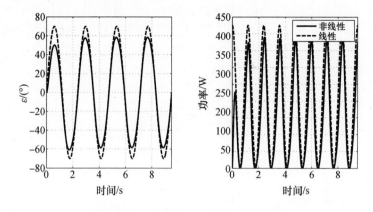

图 8 - 2   线性系统与非线性系统的比较

就设计而言,非线性模型提供的平均功率并不是希望的 213W,而是 157.8W(- 25.9%)。为了提高输出功率,通过减小阻尼将幅值 ε_0 提高到 70°,但是这样功率增益就达不到 213W。线性模型被用来寻找新的参数值以期达到 213 × (1/(1 - 25.9%)) = 287.5W 功率的目标,并且对配置进行较小的改变从而使得系统能够产生 213W 功率,同时摆角达到 70°(角动量为 871.8kgm² · rad/s,阻尼系数为 40.5Nm · s/rad)。通过减小 $\dot{\varphi}$ 并改变阻尼系数能够实现 Cfg. A。图 8 - 3 总结了系统特性。最终确定系统主要参数如表 8 - 4 所示。

表 8 - 4   最终系统参数

$j\dot{\varphi}$	871.8kgm² · rad/s
c	40.5 Nm · s/rad
P_d	214W
T_ε	160Nm
T_δ	2880Nm

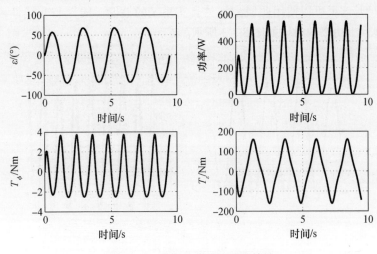

图 8 - 3　系统的非线性动态特性

8.4　摩　擦　损　耗

在设计选取合适的 $\dot{\varphi}$ 及转动惯量中,必须考虑飞轮旋转时摩擦造成的损耗。系统中两个主要的功率损耗是轴承摩擦和空气阻力。系统设计必须要保证这两种损耗总和应小于 Cfg. B[①] 中吸收功率的10%。在第一种方法中,空气阻力损耗和轴承损耗的最大限值设定为吸收功率的5%。

飞轮转动惯量主要集中在外部冠状体上,这个冠状体的尺寸可以用表 8 - 3 中的相关变量值通过函数 $\dot{\varphi}$ 计算出来。将飞轮视为一个外径为 D_e[40]扁平的圆盘,利用下面的公式即可粗略地计算出空气阻力的功率损耗。

$$M_a = \rho_g \omega^2 r_0^5 C_m$$

---

① 　该阶段需知道驱动陀螺的电动机及电子功率模块的效率。这些数据将用来评估试验。

$$lam : C_m = 3.87 \times Re^{-1/2}$$
$$turb : C_m = 0.146 \times Re^{-1/5} \qquad (8-1)$$

式中：ρ_g 是空气密度；ω 是飞轮的角速度；r_0 是圆盘的半径；C_m 是层流流动和紊流状态的相关函数。图 8-4 表示的是在给定所需惯量的情况下计算 $\dot{\varphi}$，同时利用式(8-1)计算空气阻力造成的功率损耗。然后在不同气压值下重复这一计算过程。

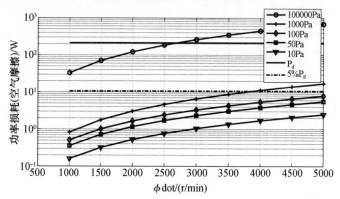

图 8-4　关于 $\dot{\varphi}$ 以及改变室内压力(绝对值)时空气阻力造成的能量损失

图 8-4 强调了利用真空室来减小空气阻力的必要性。1000Pa 的气压值实现相对容易，维持低压水平并不会花费太大成本。这样即使是在飞轮低速旋转的同时也能保证较低的功率损耗。为了尽可能降低原型系统设计成本，将电磁和静压轴承换为球形轴承。选择轴承的寿命应能够在系统工作 Cfg. B 状态下不小于1000h。能耗根据 SKF 指南进行计算，它是关于作用在轴承上力矩和角速度的直接函数。为了降低成本，这两个轴承有密封件以维持轴承里面的润滑脂。由于涉及几个具体参数的原因，在 Matlab 的程序中不容易建立带有密封件轴承摩擦模型，所以用下述简化模型对没有密封件的轴承摩擦进行估算。同时，轴向力也被忽略。

$$T_f = 0.5\mu F_r d$$

这里 T_f 是损失转矩，$\mu = 0.0015$ 是球形轴承的相关系数，F_r 是

87

作用在轴承的径向力, d 是轴承的内径。用这个公式计算能耗应该要比额定功率的 5% 小。对轴承能耗的最后验证将使用 SKF 提供的 SKF 计算器完成。轴承上的径向力是 T_δ, T_ε 以及飞轮重量（冠部重量的 1.5 倍）、轴承间距离的函数。对于每一种配置, 将计算之前所有的参数, 并在一个循环中计算 F_r[①] 的平均值。图 8 - 5 显示轴承的动载荷。图 8 - 6 显示轴承的能量损失。图 8 - 7 显示的是空气阻力

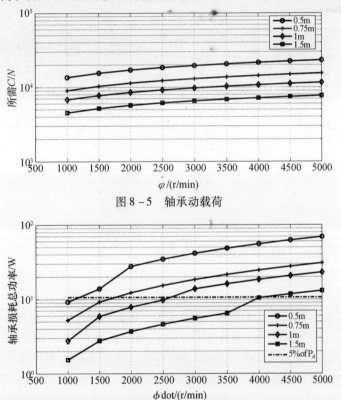

图 8 - 5　轴承动载荷

图 8 - 6　轴承上的能量损失

[①]　轴承寿命正比于 $\left(\dfrac{C}{P}\right)^3$, 式中 C 为轴承动载荷, P 为等效载荷（此情况下为 F_r）。所以 F_r 以 $\left(\dfrac{\int_0^T |F_r(t)|^3 \mathrm{d}t}{T}\right)^{\frac{1}{3}}$ 来计算。

和轴承造成的能耗损失之和,它是 $\dot{\varphi}$ 和轴承间距离的函数。在需要的尺寸的标准球形轴承中选择每种条件下最合适的轴承。所选的轴承如表 8 − 5 所列。

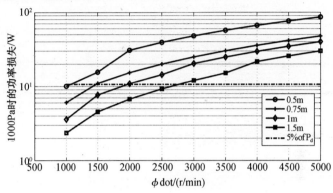

图 8 − 7　总能量损耗(绝对大气 1000Pa 时空气阻力及轴承的摩擦)

表 8 − 5　球形轴承的损失估计

SKF 产品目录号	直径/mm	C/N	C_0/N
6200	10	5070	2360
6201	12	6890	3100
6203	17	9560	4750
6204	20	15900	7800
6206	30	28100	16000

在所有能耗方案中,最合适的配置是 $J = 5.55 \mathrm{kgm^2}$ 的飞轮,且飞轮围绕 6201 轴承以 1500r/min 旋转。在这种配置下,摩擦总能耗是 7.89W(空气阻力消耗了 2.18W)。

8.5　工 程 系 统

本节介绍系统样机的工程实现[①],系统组成如图 8 − 8 所示。

---

① 详尽的工程研制情况参见文献[41]和[42]。

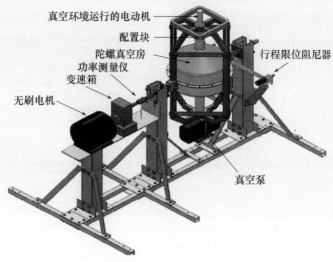

图 8 - 8   原型系统总图

8.5.1   飞轮

在前文配置的基础上进行适当调整,得到最终设计的飞轮。飞轮的内径为 500mm,冠状厚 40mm,宽 220mm,整个飞轮重量为 163kg。图 8 - 9 所示为飞轮轴视图。

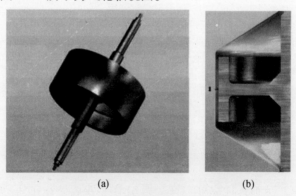

(a)   (b)

图 8 - 9   陀螺轴视图和横截图
(a) 飞轮轴视图;(b) 陀螺截面。

90

飞轮材料是钢（C60 UNI EN 1083），并利用 Solidworks 有限元分析工具箱的有限元模型进行仿真校验。在极端苛刻条件下的仿真结果表明，结构设计的安全静态系数达到要求的 3.6 倍，安全疲劳系数达到要求的 3 倍。有限元程序分析表明，极端条件下飞轮外廓边界径向最大位移为 0.048mm。只要飞轮与真空外壳间有 10mm 的净空，就不会出现意外相碰的危险。

8.5.2　真空外壳

真空外壳由两个 3mm 厚钢制壳体构成，半个真空外壳如图 8-10 所示。两个壳体通过一组螺栓连接，并在连接面设有双 O 形圈，这种结构保证了外壳的气密性。在内压 1000Pa、外压 100000Pa 的条件下，采用 Solidworks 运动仿真程序对整个装置结构进行了应力分析，结果是：最大压力 28.7MPa，最大形变 0.04mm。

图 8-10　半个真空外壳

8.5.3　终端限位器

为了限制 ε 轴的转角，安装了两个阻尼器。阻尼器是由安装在杠杆臂上的阻尼缸构成，就 ε 轴线而言：当系统转角 ε 超过 ±75° 时，黑色橡胶垫将阻挡外伸结构，进而利用阻尼器对系统进行制动，如图 8-11 所示。

图 8 - 11   终端限位阻尼器动作图

8.5.4   轴承

轴承安装方案的构想如图 8 - 12 所示,采用两个带有密封件的球形轴承,上端轴承支撑整个结构轴向重力负载。因为一个周期内轴向平均负载为 1230N,则原先选择的 12mm 轴承不能适用于此。此时选择表 8 - 5 中下一个等级的轴承,选用 6203 - 2Z 密封型轴承。该型号轴承可持续工作 1000h。根据 SKF 在线计算器,该型号轴承能耗为 12.2W。计算中选用比较适合低摩擦扭矩应用的油脂 LESA 2,其工作温度设定为 30℃。用相同的方法计算下端轴承的功耗为 6.44W。则维持飞轮旋转的总功耗是 20.82W,小于 21.3W,是吸收能量的 10%。所以在设计阶段实现了将能耗维持在吸收能量的 10% 以下。

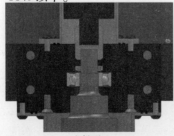

上轴承

下轴承

图 8 - 12   飞轮轴承

轴承如图 8 – 13 所示,两个这种轴承可使整个平台绕 ε 轴旋转。轴承内径相对较大,是 40mm,电缆线可通过这种空心轴结构(连接真空泵、飞轮电机、霍耳信号传感器、飞轮电机的编码器和真空计)。这种轴承适用于外壳,而且能够简便、快速地安装。这些轴承转速较小,各自降低功耗约 0.14W。

图 8 – 13　ε 轴承(SKF 编号:FY 40 TR)

8.5.5　电动机

选择电动机,额定负载情况下驱动飞轮在 5min 内从 0 加速到 1500r/min。假定飞轮以恒定加速度提速到额定转速,则电动机的最小额定转矩为

$$T_{\varphi,startup} = J\ddot{\varphi} = 5.7 \times \frac{2\pi \times 1500}{60 \times 300} = 2.98\text{Nm}$$

市场成品 Parker SMB82 无刷电机满足所需参数要求,铭牌额定转速是 1600r/mim,额定转矩是 2.9Nm。SMB82 电动机通过连结在电动机外壳的铝制散热器冷却,能够在真空环境下工作。

Cfg. B 配置的系统运行时,飞轮以额定转速运行,则电动机轴上的转矩如图 8 – 3 所示,出现零均值振荡。如果转矩作用于转子惯量,这将导致速度在 1500r/min 上下产生 ±2.5r/min 的波动。这将包含在控制器的磁滞中,然而为了避免能量浪费可考虑使用再生控制器。

8.5.6 PTO

波浪发电应用中的 PTO 是由一个带有机械变速箱的无刷发电机构成的,变速箱是用来增加 ε 轴上较低的角速度,同时能够提高无刷发电机的效率。在对各种方案进行研究之后,最终选定的方案是由 ETEL 公司生产的 TML – 210 – 150 发电机,并配备由邦飞利集团①生产的 S401 3.8 变速箱。根据对绕组损耗、铁芯损耗和机械损耗的计算,在 Cfg. A 下 PTO 能够实现的最大效率达到 73.2%,在 Cfg. B 下 PTO 能够实现的最大效率达到 79.8%。

8.5.7 真空泵

波浪发电选用 Varian IDP – 3 涡旋真空泵。这是一款轻型、紧凑的无油泵,能够达到峰值 60 l/min,同时可实现 33Pa 的低压,这比所需的 1000Pa 低两个数量级。为了避免长管道带来的真空,将长管道连接到摇摆试验台的底部。一对平衡力作用在平台顶部,以平衡 9.5kg 的泵。根据 Varian 技术支持,加速度和角速度相对较小,这样的配置在工作时不会出现问题。理论上,当绕 ε 轴自由旋转,摇摆试验台配置真空泵时,能够检测设备的性能。

8.5.8 浮子

浮子外形和水池试验时的形状基本相同(见图 8 – 14):圆形的前端、倾斜的末端以及两个补偿 T_ε 的漂浮体。浮子内框架为铝结

---

① ETEL(www.etel.ch)是一家著名的风能设备公司,主要供应高效率发电机。Bonfiglioli 集团(www.bonfiglioli.it)是意大利主要的机械传动制造商,选用其变速箱,并在其技术支持下实现了最大传动效率。此工况下,变速箱的效率是未知的,估计达到 95%。但是,在进行水池试验前,PTO 将在专用试验台架进行试验,以测试准确的效率。有关 PTO 选取及试验台架设计的详细情况,参见文献[42]。

构,通过弯曲、铆接以及胶合薄板的方式组装。浮子主体两侧有 1m 宽侧浮子:这样,装置总宽度达到 7m,在需要时能吸收更多的入射功率。系泊系统和爱丁堡水池试验时相同:两条系泊缆索,一条在头一条在尾。浮子长度是 4.3m,小于波长的一半。浮子质量大约是 150kg,陀螺系统质量为 440kg,这样总质量是 600kg 左右。浮子大约浸入水中 40mm。

图 8-14 带有浮子的原型机

8.6 Cfg. A

在 Cfg. B 条件下进行系统设计,但阿尔盖罗地区 1:8 缩比试验装置参数为 Cfg. A。阿尔盖罗地区功率密度为 73.5W/m,波高 176mm,波浪周期和 Cfg. B 相同,都是 2.37s。δ_0 的计算方法与 Cfg. B 相同。

$$\delta_{0,Naples,Cfg. A} = \delta_{0,flume} \frac{\lambda_{s,Naples,Cfg. A}}{\lambda_{s,flume}} = 4.92 \times \frac{3.6}{8.4} = 2.11°$$

假设摇摆角度为 70°,计算角动量吸收 20% 的入射功率、阻尼系数和作用于 PTO 及沿摇摆方向的浮子扭矩。先计算惯量,然后可通

过减小 $\dot{\varphi}$ 调整到所需的角动量。

表 8-6 Cfg. A 工作条件

$J\dot{\varphi}$	584.3kgm^2·rad/s
$\dot{\varphi}$	1005r/min
c	13.5Nm·s/rad
P_d	73.5W
T_ε	53.2Nm
T_δ	1860Nm

新工况的能量损失见表 8-7。

表 8-7 效率计算

能耗类型	Cfg. A	Cfg. B
上轴承/W	7.93	12.2
下轴承/W	2.71	6.44
ε 轴承/W	0.19	0.28
空气阻力/W	0.97	2.18
PTO 能耗/W	19.7	43.02
总计/W	31.5	64.1
吸收的能量/W	73.5	213
有效功率/W	42	148.9
效率	57.1%	69.9%

8.7 系统效率

机械结构能量损耗汇总如下：

（1）轴承摩擦；

（2）空气阻力摩擦；

（3）PTO 效率；

（4）真空泵能量供应。

下表汇总了运行在 Cfg. A 和 Cfg. B 条件下整个系统效率的对比。

忽略传感器、数据采集系统以及真空泵（真空泵能耗是空气通过 O 形环泄露的函数，可以通过试验评估）造成的能量损失，整个陀螺系统的效率是 69.9%。PTO 的能耗占大部分。在全比例设备中，采用定制发电机，可以提高 PTO 的效率。此外，需要通过试验来评估变速箱的实际效率。

第9章 ISWEC 工程

本章综合介绍意大利都灵大学 ISWEC 工程项目。首先,按实际尺寸对前面提到的缩比原型系统进行放大设计,即可得到全尺寸系统,并可对全尺寸系统性能进行分析。将 ISWEC 设备与部署在葡萄牙西海岸发电试验场的"海蛇"波浪能转换器进行分析、比较。在地中海建设一个 ISWEC 波浪能试验场是本项工程目标之一,并且已经设置了一个海况测量站监测潘泰莱里亚岛(the Isle of Pantelleria)的海浪情况。测量站的数据为进行全尺寸 ISWEC 设计提供了更精确的设计依据。其次,ISWEC 是单自由度波浪能转换装置,需要依据风向标配置合适的系泊装置,使系统迎着入射波方向布列。本章最后,提出了一个可行的全向 ISWEC 陀螺系统方案。

9.1 全尺寸系统

表 9-1、表 9-2 和表 9-3 是那不勒斯大学水槽试验原型机的佛罗德(Froude)系数[①]。

表 9-1 全尺寸系统(Cfg. A)的佛罗德(Froude)系数

	原型机	全比例
P_d/kW	0.0735	106.4
$P_{d,effective}/\mathrm{kW}$	0.042	61
$j\dot{\varphi}/(\mathrm{kgm^2 \cdot rad/s})$	584.3	6.77×10^6

---

① 详见表 8-2。

98

	原型机	全比例
$\dot{\varphi}$ /(r/min)	1005	355
c/(Nm · s/rad)	13.5	1.56×10^6
T_g/Nm	53.2	2.18×10^6
T_δ/Nm	1860	7.62×10^6
冠部压力/MPa	5.24	41
波高/m	0.176	1.41
波长/m	8.8	70.4
P_D/(kW/m)	0.0735	13.1

表9-1描述的是 Cfg. A 条件下运行的全尺寸系统,即阿尔盖罗地区[①]全年平均状况:$T_p = 6.7s$,平均功率密度为 13.1kW/m。假设原型机效率保持不变,全尺寸系统将生产 61kW 能量。则为了捕获这些能量,需要角动量达到 6.77×10^6 kgm² · rad/s。现在我们分析 Cfg. B 条件下系统的状态。

表9-2 全尺寸系统(Cfg. B)的佛罗德(Froude)系数

	原型机	全比例
P_d/kW	0.214	310
$P_{d,effective}$/kW	0.149	216
$\dot{J\varphi}$/(kgm² · rad/s)	871.8	1.01×10^7
$\dot{\varphi}$ /(r/min)	1500	530
c/(Nm · s/rad)	40.5	4.69×10^6
T_g/Nm	160	6.55×10^6
T_δ/Nm	2880	1.18×10^7
冠部压力/MPa	11.8	94.4
波高/m	0.3	2.4

---

① 详见8.2节。

	原型机	全比例
波长/m	8.8	70.4
波周期/s	2.37	6.7
$P_D/(kW/m)$	0.214	38.6

这种配置所需的角动量是 $1.01 \times 10^7 kgm^2 \cdot rad/s$，输出有功功率为216kW。全尺寸飞轮主要参数如表9-3所示。尽管飞轮冠部的机械应力相对较小，在结构上能够实现这种飞轮配置，但巨大质量（83.5t）的飞轮会给制造和运行操作带来问题。因而需要寻找获得巨大角动量最廉价的方法，实现上述方案。利用几个较小惯量的子系统组合成一个大惯量系统的方法，可以解决这个问题。如果子系统的个数是偶数，则飞轮以反方向旋转，可以沿 ε 轴方向平衡扭矩。采用碳纤维飞轮或是钢质飞轮，应进一步研究。

表9-3　陀螺缩比样机主要参数

	原型机	全尺寸
直径/m	0.5	4
质量/kg	163	82 500
J/kgm^2	5.55	1.82×10^5

以 Cfg. B 要求配置的全尺寸系统需要比阿尔盖罗地区年平均量更丰富的波浪能，系统可以在阿尔盖罗短暂运行，或者部署一个平均能量更丰富的地区。接下来的几张图片（见图9-1、图9-2和图9-3）是符合要求地区的波浪能密度[①]、平均周期和有义波高情况的地图。此外，在相当数量的地区，海浪条件比 Cfg. B 配置全尺寸系统方案中的波浪假设要优越很多（见图1-2和图1-3）。

---

① 图9-1中的原始数据来源于欧洲中期天气预报中心（ECMWF）。

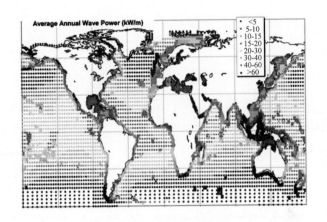

图 9 - 1   年平均功率密度

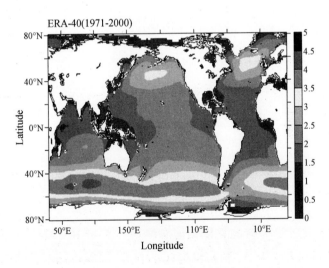

图 9 - 2   年平均有义波高

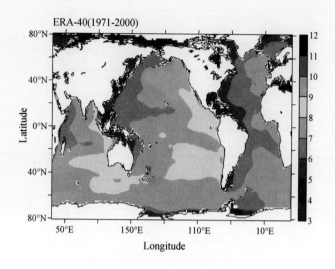

图 9 - 3 年平均周期

9.2 小 结

除了 ISWEC 产生陀螺效应的角动量外,对全尺寸 ISWEC 和海蛇 Pelamis WEC 所有性能的对比如表 9 - 4 所示。海蛇 WEC 在入射波波浪能功率密度为 55kW/m 时,额定功率为 750kW;而 ISWEC 在波浪能功率密度为 38.6kW/m 时,能生产 216kW 的电能。假设 ISWEC 性能与功率密度成比例,则波浪能功率密度为 55kW/m 时,ISWEC 将产生 308kW 的电能。根据这个新数据,估算两个确定设备功率密度反映设备质量和面积情况的系数。这两种设备的功率、质量比几乎是相等的,但海蛇的功率、面积比则要大得多。然而,因为不同海区对 WEC 的扰动影响比其物理尺寸和几何形状的扰动大很多,所以这些比例都是标称值,并不考虑面积的有效利用率。

表 9 - 4　标识

	ISWEC	Pelamis
陀螺	83.5 吨@530rpm	—
整机质量/t	300	700
额定功率/kW	216	750
功率密度/(kW/m)	38.6	55
55kW/m 时电能/kW	308	—
宽度/m	40	3.5
长度/m	34	150
表面积/m²	1360	525
功率/质量/(kW/kg)	1.02	1.07
功率/表面/(kW/m²)	0.23	1.43

前文提到的 1:8 ISWEC 原型机,是基于试验数据保守设计的。1:8 的原型机已经进行了测试,如果原型的性能和水槽中的原型相近,那么将能实现一个相对小的角动量产生相同的功率输出。在这种情况下,设备将相对小并且便宜。水槽测试安排在 2010 年 12 月,将能获得更精确的 ISWEC 性能,同时达到以下几个目的:

(1)计算功率输出、功率损耗,确定整个系统效率;

(2)计算俯仰运动幅度;

(3)计算相对捕获宽度。

尤其关注于:

(1)确定浮子形状的适用性;

(2)确定系泊索对于浮子动力学的影响;

(3)新的控制策略;

(4)不规则波评估设备性能。

9.3　试验发电站的可选位置

意大利潘泰莱里亚(36° 50'0''N,11° 57'0''E),处于西西里岛和突尼斯之间。该岛由柴油热电动力站进行供电,而柴油是通过船运输到岛上。燃料供应十分困难,同时也十分昂贵,对外界有着强烈的依赖。为了克服这些缺点,需要对电站进行整改以便能接收可再生能源,现在已经建设了一个光伏发电站。

在过去的几个月里,我们已经与之进行了联系,可能会在一个与电站较近的区域安装一个波浪发电试验站。我们已经获得授权,在图9-4中深度为16m的地点部署一个对环境影响甚小的水下独立测量站。选择这个地点是因为这是一个船舶系泊点。更多的测量点地图见附录。

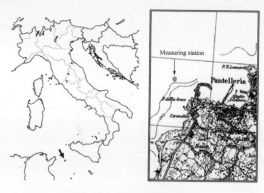

图9-4　测量装置位置

部署的测量装置包括 AWAC 系统[①]和水下波况传感器(见图9-5),其中水下波况传感器是由蓄电池供电,能够提供两个月的独立工作时间。2010年1月潜水员已经在海底安装了测量装置。潜水员每两个月会去更换电池并收集采集的数据。

AWAC 测量装置测量压力、波轨迹速度和波面位置,以估计波高和波周期。压力是用一个高分辨率的压阻元件测量,轨迹速度用多普勒频移测量,而波面位置则利用声表面跟踪(AST)技术进行测量。

---

①　AWAC 由 Nortek 公司(www. nortek. no)生产。

图 9-5　AWAC 测量站

9.4　两自由度系统

本书描述的系统是单向系统：为了使系统工作，ISWEC 必须与入射波对准。而这并不困难，因为两个漂块装置和系泊系统能够保证设备与风向标自动对准。但在都灵理工大学，正在研究图 9-6 所示的全向陀螺系统。

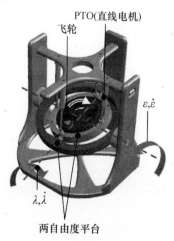

图 9-6　两自由度装置

该方案中,飞轮由万向环支撑。万向环能保证陀螺围绕它的重心在两自由度上进动。图 9 - 6 中所示的 PTO 是线性设备,它与万向环的内部平台和外壳相连。设备工作原理可以总结为以下几个主要步骤:

(1) 入射波倾斜浮子(沿着任意方向);

(2) 由于 PTO 的刚度和阻尼(类似于 1 DOF 系统,参考式(2 - 3)这种旋转摩擦将被传递到万向环内部平台,扰动陀螺;

(3) 基于惯性效应,陀螺开始进动。阻止进动以及重建初始条件,PTOs 产生能量。

PTOs 的任务有两个,一是在陀螺和外壳之间建立机械联系,一是阻止万向环和外壳的相对运动。PTOs 或是直线运动或是旋转。在第二种情况中,PTOs 被直接连在运动轴上以实现阻尼,包括运动的轴和静止部分的卡座。在后面这种方案中,对由万向环控制的角度没有限制,陀螺可以自由地围绕两个轴旋转。这种设备是全方向的:如果设计合理的话,万向环没有一个优先的动作方向,所以对波浪而言就不需要定向浮标。

该方案已经完成演示设备的研制(见图 9 - 7),并在机械学院的 HPR[43 - 45] 平台进行了早期测试。

图 9 - 7　两自由度演示机

上述两自由度系统是从不同方向吸收波浪的可能方案之一。但新设备更复杂,同时花费也更高昂。需要对产出率和经济性进行分析,以确定全向设备是否比单自由度 ISWEC 更加有效。

第10章 结 论

本书对 ISWEC 设备进行了分析。ISWEC 是一个利用陀螺效应的波能转换器，它将海浪能转换成电能。

为了清楚设备的动态特性，建立了描述陀螺系统的机械方程。基于第一种方法得到的方程相对复杂，所以将它们线性化后得到一个简化系统，这样就可以迅速了解 ISWEC 性能。得益于 SimMechanics 环境中完整建立的陀螺系统非线性数学模型，证明在围绕 ε 轴较小振荡时，基于线性模型对系统粗略的估计是可靠的，其他情况下，为了对系统行为进行精确估计需要进行非线性分析。但是，基于线性模型能够建立一套设计工具，可根据波浪参数（并对浮子动态特性进行一些假设）直接确定 ISWEC 的物理尺寸。这种方法已经用于设计额定功率 2.2W 的原型机，并且该原型机在爱丁堡大学水池标准波（100mm 波高和 1s 波周期）条件下能够正常运行。采用非线性模型对设计工具的输出结果进行了验证，对设计进行少量修正后，能使系统按设计要求那样运行。

最终版原型机已经完成了建造，并进行了台架试验。台架试验是在都灵理工大学机械系海浪模拟试验台进行的。该试验验证了原型机功率吸收能力及非线性数学模型效率。爱丁堡大学水池试验设备已经准备就绪。水池试验目的是研究浮子动态特性。陀螺系统的特性已经通过台架试验得到了验证。浮子是装置的重要组成部分：如果设计的浮子不能将波浪运动传递给陀螺系统，则陀螺系统也就不能生产期望的电能。浮子宽度由 230mm 增大到 1200mm，大约是初始宽度的 5 倍。采用这个主要由 Divinycell 平板制造的新浮子，ISWEC 原型机可提取 2.06W 电能，这个值十分接近 2.2W 的额定功率。ISWEC 运行时，水池生成的实际波比设计波要稍微大些，波能

108

密度也高些,达到的相对捕获宽度为 14.3%,也相对较小。

为了进一步提高装置性能,设计并制造了专用浮子,并在都灵理工大学水力学系宽 600mm 的水槽再次进行了试验。宽 570mm 的浮子试验结果表明,额定转速(2000r/min)的陀螺对浮子摇摆运动有很大的抑制,并造成提取功率变小。将陀螺转速减小至 500r/min,浮子摇摆角增加,提取的功率也增加,最大达到 0.89W,并与 21.6% 的相对捕获宽度一致。当转速为 500r/min,即额定转速 2000r/min 的 25% 时,吸收的功率与 $\dot{\varphi}$ 成比例,本书第 3 章设计的原型机似乎能够吸收两倍的额定功率。

随后根据水池试验结果,针对意大利阿尔盖罗地区平均海况,设计了较大的波能转换设备,其比例为全尺寸装置的 1:8。新原型机的额定功率为 213W,浮子宽为 5m。波高 300mm、波长 7.8m 的入射波功率密度为 213W/m。试验过程中,应特别注意降低因维持飞轮旋转而造成的能量损耗,其损耗应低于生成能量的 10%。采用标准的球形轴承,并使飞轮在真空室(1000Pa 绝对值)中运转,可以满足要求。整个系统效率约为 70%,该数据由于本项目低效率的 PTO(80%)而相对较小。

将 1:8 ISWEC 原型机的主要特性按比例放大到全尺寸,并与海蛇波能转换器的主要参数进行对比。比较结果说明,ISWEC 与海蛇有着近乎相同的功率/质量比,但单位功率标准面积利用率却大约是海蛇的 6 倍。但是,水池试验在那不勒斯进行时,需要对比较结果进行修正。事实上,水池测试表明,小原型机用一半角动量就能捕获相同的功率:如果 1:8 原型机证实了相关改进,则第 9 章中提到的设备额定功率将翻一番,这样设备价格立刻就会便宜许多。

ISWEC 相对于海蛇等大部分现有的转换器,其优势之一在于没有活动部件与海水接触。因而 ISWEC 设备天然就有很高的可靠性和较长的平均故障间隔时间(MTBF)。而且,当海况恶劣,对系统运行安全产生较大危险时,可以彻底关闭 ISWEC。这种情况下,令陀螺停止旋转,则 ISWEC 就像一具松弛系泊在海床上的死尸(就像一个波浪测量浮标),从而提高了风暴中设备的生存能力。

最后，就 ISWEC 提取功率能力进行综述。首先回顾基于线性模型计算提取功率的公式(2-19)。

$$P_d = \frac{1}{2}(J\dot{\varphi})\omega^2\delta_0\varepsilon_0$$

式中：P_d 表示提取的能量；ω 表示波浪频率；δ_0 为摇摆角；ε_0 为 PTO 振荡角；$J\dot{\varphi}$ 为陀螺角动量。

典型的海浪周期为 6s ~ 10s，这意味着 ω^2 幅值数量级为 10^0rad/s。δ_0 幅值数量级为度，即 10^{-1}rad。然而，如果按本书描述的那样控制设备，则 ε_0 的数量级为 10^0rad。这就是说，如果建造一个额定功率为 100kW 的系统，所需角动量的数量级将达到 10^6kgm^2·rad/s。

因为 P_d 与 ω^2 成比例关系，则可以将设备部署在短波长、短周期的海域(地中海虽然波能密度小，但却是可选海区之一)，以增加提取的功率。此外，还可以通过研究浮子特性，以使浮子与海浪发生共振，这样可以增加 δ_0，并可以通过一些控制策略来提高 ε_0。

所需的大角动量，可以通过多个子系统组合，或采用碳纤维、钢绞线高速飞轮等手段实现。这些解决方案需要进一步研究。这不存在难以解决的技术问题，而是基于经济的考虑。

那不勒斯水池试验，有助于更精确地对所需角动量的计算，而角动量正是开发 ISWEC 的关键因素。

附录 A　主要性能参数

A.1　PTO

EC 40 ⌀40 mm, brushless, 120 Watt, C€ approved

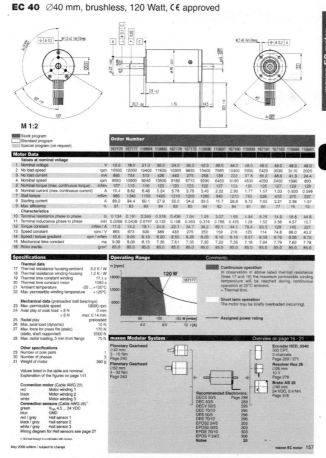

Courtesy of maxon motor ag, Switzerland.

Planetary Gearhead GP 42 C $\varnothing$42 mm, 3 - 15 Nm
Ceramic Version

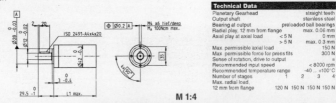

M 1:4

Technical Data

Planetary Gearhead	straight teeth
Output shaft	stainless steel
Bearing at output	preloaded ball bearings
Radial play, 12 mm from flange	max. 0.06 mm
Axial play at axial load < 5 N	0 mm
> 5 N	max. 0.3 mm
Max. permissible axial load	150 N
Max. permissible force for press fits	300 N
Sense of rotation, drive to output	=
Recommended input speed	< 8000 rpm
Recommended temperature range	-40 ... +100°C
Number of stages	1 2 3 4
Max. radial load, 12 mm from flange	120 N 150 N 150 N 150 N

Stock program
Standard program
Special program (on request)

Order Number	203113	203115	203119	203120	203124	203129	203128	203133	203137	203141
Gearhead Data										
1 Reduction	3.5 : 1	12 : 1	26 : 1	43 : 1	81 : 1	156 : 1	150 : 1	285 : 1	441 : 1	756 : 1
2 Reduction absolute	$^7/_2$	$^{84}/_7$	26	$^{216}/_5$	156	$^{2197}/_{14}$	156	$^{1274}/_{25}$	441	756
10 Mass inertia gcm²	14	15	9.1	15	9.4	9.1	15	15	14	14
3 Max. motor shaft diameter mm	10	10	8	10	8	8	10	10	10	10

Order Number	203114	203116	260552*	203121	203125	260553*	203130	203134	203138	203142
1 Reduction	4.3 : 1	15 : 1	36 : 1	53 : 1	91 : 1	216 : 1	186 : 1	319 : 1	488 : 1	936 : 1
2 Reduction absolute	$^{13}/_3$	$^{91}/_6$	$^{36}/_1$	$^{637}/_{12}$	91	$^{247}/_1$	$^{440}/_{24}$	$^{637}/_2$	$^{4394}/_9$	936
10 Mass inertia gcm²	9.1	15	5.0	15	15	5.0	15	15	9.4	9.1
3 Max. motor shaft diameter mm	8	10	4	10	10	4	10	10	8	8

Order Number	260551*	203117		203122	203126		203131	203135	203139	260554*
1 Reduction	6 : 1	19 : 1		66 : 1	113 : 1		230 : 1	353 : 1	546 : 1	1296 : 1
2 Reduction absolute	$^6/_1$	$^{169}/_9$		$^{199}/_3$	$^{339}/_3$		$^{6281}/_{27}$	$^{2601}/_{12}$	546	$^{1296}/_1$
10 Mass inertia gcm²	4.9	9.4		15	9.4		15	9.4	14	5.0
3 Max. motor shaft diameter mm	4	8		10	8		10	9.4	10	4

Order Number		203118		203123	203127		203132	203136	203140	
1 Reduction		21 : 1		74 : 1	126 : 1		257 : 1	394 : 1	676 : 1	
2 Reduction absolute		21		74	126		$^{1029}/_4$	$^{1183}/_3$	676	
10 Mass inertia gcm²		14		15	14		15	15	9.1	
3 Max. motor shaft diameter mm		10		10	10		10	10	8	
4 Number of stages	1	2	2	2	3	3	4	4	4	4
5 Max. continuous torque Nm	3.0	7.5	7.5	15.0	15.0	15.0	15.0	15.0	15.0	15.0
6 Intermittenly permissible torque at gear output Nm	4.5	11.3	11.3	22.5	22.5	22.5	22.5	22.5	22.5	22.5
7 Max. efficiency %	90	81	81	72	72	72	64	64	64	64
8 Weight g	260	360	360	460	460	460	560	560	560	560
9 Average backlash no load °	0.6	0.8	0.8	1.0	1.0	1.0	1.0	1.0	1.0	1.0
11 Gearhead length L1** mm	41.0	55.5	55.5	70.0	70.0	70.0	84.5	84.5	84.5	84.5

*No combination with EC 45 (50 W and 250 W) **Not EC 45 flat L1 is - 3.5 mm

maxon Modular System

+ Motor	Page	+ Sensor	Page	Brake	Page	Overall length [mm] = Motor length + gearhead length + (sensor / brake) + assembly parts								
RE 35, 90 W	81					112.1	126.6	126.6	141.1	141.1	141.1	155.6	155.6	155.6	155.6
RE 35, 90 W	81	MR	263			123.5	138.0	138.0	152.5	152.5	152.5	167.0	167.0	167.0	167.0
RE 35, 90 W	81	HED_ 5540	266/268			132.8	147.3	147.3	161.8	161.8	161.8	176.3	176.3	176.3	176.3
RE 35, 90 W	81	DCT 22	276			130.2	144.7	144.7	159.2	159.2	159.2	173.7	173.7	173.7	173.7
RE 35, 90 W	81			AB 28	318	148.2	162.7	162.7	177.2	177.2	177.2	191.7	191.7	191.7	191.7
RE 40, 150 W	82					112.1	126.6	126.6	141.1	141.1	141.1	155.6	155.6	155.6	155.6
RE 40, 150 W	82	MR	263			123.5	138.0	138.0	152.5	152.5	152.5	167.0	167.0	167.0	167.0
RE 40, 150 W	82	HED_ 5540	266/268			132.8	147.3	147.3	161.8	161.8	161.8	176.3	176.3	176.3	176.3
RE 40, 150 W	82	HEDL 9140	271			166.2	180.7	180.7	195.2	195.2	195.2	209.7	209.7	209.7	209.7
RE 40, 150 W	82			AB 28	318	148.2	162.7	162.7	177.2	177.2	177.2	191.7	191.7	191.7	191.7
RE 40, 150 W	82			AB 28	319	156.2	170.7	170.7	185.2	185.2	185.2	199.7	199.7	199.7	199.7
RE 40, 150 W	82	HED_ 5540	266/268	AB 28	318	165.3	179.8	179.8	194.3	194.3	194.3	208.8	208.8	208.8	208.8
RE 40, 150 W	82	HEDL 9140	271	AB 28	319	176.7	191.2	191.2	205.7	205.7	205.7	220.2	220.2	220.2	220.2
EC 40, 170 W	155					120.9	135.4	135.4	149.9	149.9	149.9	164.4	164.4	164.4	164.4
EC 40, 170 W	155	HED_ 5540	267/269			144.3	158.8	158.8	173.3	173.3	173.3	187.8	187.8	187.8	187.8
EC 40, 170 W	155	Res 26	277			148.3	162.8	162.8	177.3	177.3	177.3	191.8	191.8	191.8	191.8
EC 40, 170 W	155			AB 32	320	163.6	178.1	178.1	192.6	192.6	192.6	207.1	207.1	207.1	207.1
EC 40, 170 W	155	HED_ 5540	267/269	AB 32	320	187.0	201.5	201.5	216.0	216.0	216.0	230.5	230.5	230.5	230.5
EC 45, 150 W	156					152.3	166.8	166.8	181.3	181.3	181.3	195.8	195.8	195.8	195.8
EC 45, 150 W	156	HEDL 9140	271			167.9	182.4	182.4	196.9	196.9	196.9	211.4	211.4	211.4	211.4
EC 45, 150 W	156	Res 26	277			153.8	168.3	168.3	182.8	182.8	181.3	195.8	195.8	195.8	195.8
EC 45, 150 W	156			AB 28	319	159.7	174.2	174.2	188.7	188.7	188.7	203.2	203.2	203.2	203.2
EC 45, 150 W	156	HEDL 9140	271	AB 28	319	176.7	191.2	191.2	205.7	205.7	205.7	220.2	220.2	220.2	220.2
EC 45 flat, 30 W	193					53.9	68.4	68.4	82.9	82.9	82.9	97.4	97.4	97.4	97.4
EC 45 flat, 50 W	194					58.8	73.3	73.3	87.8	87.8	87.8	102.3	102.3	102.3	102.3
EC 45 fl, IE, IP 00	195					72.7	87.2	87.2	101.7	101.7	101.7	116.2	116.2	116.2	116.2
EC 45 fl, IE, IP 40	195					74.9	89.4	89.4	103.9	103.9	103.9	118.4	118.4	118.4	118.4
EC 45 fl, IE, IP 00	196					77.7	92.2	92.2	106.7	106.7	106.7	121.2	121.2	121.2	121.2
EC 45 fl, IE, IP 40	196					79.9	94.4	94.4	108.9	108.9	108.9	123.4	123.4	123.4	123.4

Courtesy of maxon motor ag, Switzerland.

maxon gear

Encoder HEDL 5540 500 CPT, 3 Channels, with Line Driver RS 422

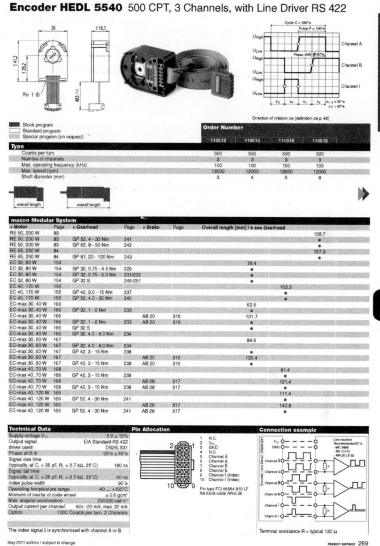

Cycle C = 360°e

Pulse P = 180°e

Phase shift Φ 90°e

Channel A

Channel B

Channel I

s₁ ≤ 90°e
Δs < 45°e

Direction of rotation cw (definition cw p. 48)

Pin 1 ID

■ Stock program
☐ Standard program
▨ Special program (on request)

Order Number			
110512	110514	110516	110518

Type				
Counts per turn	500	500	500	500
Number of channels	3	3	3	3
Max. operating frequency (kHz)	100	100	100	100
Max. speed (rpm)	12000	12000	12000	12000
Shaft diameter (mm)	3	4	6	8

overall length   overall length

maxon Modular System						
+ Motor	Page	+ Gearhead	Page	+ Brake	Page	Overall length [mm] / ● see Gearhead
RE 50, 200 W	83					128.7
RE 50, 200 W	83	GP 52, 4 - 30 Nm	241			●
RE 50, 200 W	83	GP 62, 8 - 50 Nm	242			●
RE 65, 250 W	84					157.3
RE 65, 250 W	84	GP 81, 20 - 120 Nm	243			●
EC 32, 80 W	154					78.4
EC 32, 80 W	154	GP 32, 0.75 - 4.5 Nm	229			●
EC 32, 80 W	154	GP 32, 0.75 - 6.0 Nm	231/233			●
EC 32, 80 W	154	GP 32 S	249-251			●
EC 40, 170 W	155					103.3
EC 40, 170 W	155	GP 42, 3.0 - 15 Nm	237			●
EC 40, 170 W	155	GP 52, 4.0 - 30 Nm	240			●
EC-max 30, 40 W	166					62.6
EC-max 30, 40 W	166	GP 32, 1 - 6 Nm	233			101.7
EC-max 30, 40 W	166	GP 32, 1 - 6 Nm	233	AB 20	316	●
EC-max 30, 40 W	166	GP 32 S				●
EC-max 30, 40 W	166	GP 32, 4.0 - 8.0 Nm	234			●
EC-max 30, 60 W	167					84.6
EC-max 30, 60 W	167	GP 32, 4.0 - 8.0 Nm	234			●
EC-max 30, 60 W	167	GP 42, 3 - 15 Nm	238			120.4
EC-max 30, 60 W	167			AB 20	316	●
EC-max 30, 60 W	167	GP 42, 3 - 15 Nm	238	AB 20	316	●
EC-max 40, 70 W	168					81.4
EC-max 40, 70 W	168	GP 42, 3 - 15 Nm	238			●
EC-max 40, 70 W	168			AB 28	317	121.4
EC-max 40, 70 W	168	GP 42, 3 - 15 Nm	238	AB 28	317	●
EC-max 40, 120 W	169					111.4
EC-max 40, 120 W	169	GP 52, 4 - 30 Nm	241			●
EC-max 40, 120 W	169			AB 28	317	140.8
EC-max 40, 120 W	169	GP 52, 4 - 30 Nm	241	AB 28	317	●

Technical Data	
Supply voltage V_{CC}	5 V ± 10%
Output signal	EIA Standard RS 422
driver used:	DS26LS31
Phase shift Φ	90°e ± 45°e
Signal rise time	
(typically, at C_L = 25 pF, R_L = 2.7 kΩ, 25°C)	180 ns
Signal fall time	
(typically, at C_L = 25 pF, R_L = 2.7 kΩ, 25°C)	40 ns
Index pulse width	90°e
Operating temperature range	-40 ... +100°C
Moment of inertia of code wheel	≤ 0.6 gcm²
Max. angular acceleration	250000 rad s⁻²
Output current per channel	min. -20 mA, max. 20 mA
Option	1000 Counts per turn, 2 Channels

The index signal I is synchronised with channel A or B.

Pin Allocation

Pin	
1	N.C.
2	V_{CC}
3	GND
4	N.C.
5	Channel Ā
6	Channel A
7	Channel B̄
8	Channel B
9	Channel Ī (Index)
10	Channel I (Index)

Pin type FCI 66564-810 LF
flat band cable AWG 28

Connection example

V_{CC}
GND
Channel Ā
Channel A
Channel B̄
Channel B
Channel Ī
Channel I

Line receiver
Recommended IC's:
- MC 3486
- SN 75175
- AM 26 LS 32

Terminal resistance R = typical 120 Ω

Courtesy of maxon motor ag, Switzerland.

GPM9

Printed Motor Works

Peak Torque	**130 Ncm**
Cont. Torque	**13 Ncm**
Cont. Power	**41 Watts**
Speed	**<1 to 6000 rpm**

The Printed Motor Works *GPM9* is a totally enclosed dc motor in an ultra slim pancake profile. This pancake motor can provide a cost effective servo capability. Using flat armature technology the motor is ideal for general purpose applications.

Motor Constants	Symbol	Unit	Value
Voltage	Ke	V/krpm	2.3
Torque	Kt	Ncm/Amp	2.2
Damping	Kd	Ncm/1000rpm	0.30
Friction	Tf	Ncm	1.2
Terminal Resistance	I	Ohm	1.1

Motor Ratings	Unit	Value
Voltage	Volts	14.5
Current	Amps	6.9
Torque	Ncm	13.1
Speed	RPM	3000
Power	Watts	41

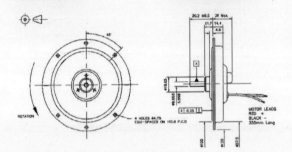

Sample design modifications

Shaft	**Brushes**	**Extra**
Round shaft	Long life for continuous duty applications	EMC suppression
Extra flats		Long leads
Length variants	Low resistance brushes for servo applications	Connectors
Cut gear		Tri-rated cable
Other modifications	High altitude	Rated for operation in 150ºC ambient
	Vacuum	

ISO9001-2008

+44 (0) 1420 594 140
sales@printedmotorworks.com

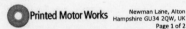 Printed Motor Works

Newman Lane, Alton
Hampshire GU34 2QW, UK
Page 1 of 2

Courtesy of Printed Motor Works, UK.

GPM9

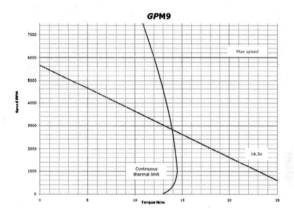

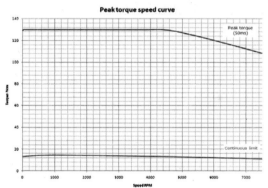

NOTE: The angle of the Torque/Speed curve remains the same for higher and lower voltages. The speed varies proportionally from zero rpm relative to the voltage supplied. The stated voltage is an example, not a predefined maximum or minimum. Due to ongoing product improvement data in this datasheet maybe subject to change without notice.

 +44 (0) 1420 594 140
sales@printedmotorworks.com

 Newman Lane, Alton
Hampshire GU34 2QW, UK
Page 2 of 2

Courtesy of Printed Motor Works, UK.

A. 3 Pantelleria measurement station

AWAC™
with Acoustic Surface Tracking (AST)

✓ **Wave height**
✓ **Wave direction**
✓ **Full current profile**
...all with a single instrument

The Nortek AWAC is a revolutionary instrument that gives you both a current profiler and a wave directional system in one unit. You can measure the current speed and direction in 1-m thick layers from the bottom to the surface and you can measure long waves, storm waves, short wind waves, or transient waves generated by local ship traffic.

The AWAC is designed as a coastal monitoring system. It is small, rugged, and suitable for multi-year operation in tough environments. It can be operated online or in stand-alone mode with an internal recorder and batteries.

The sensor is usually mounted in a frame on the bottom, protected from the harsh weather and passing ship traffic.

The mechanical design is all plastic and titanium to avoid corrosion. Online systems can be delivered with protected cables, interface units on shore, acoustic modems and backup batteries. In stand-alone use, the raw data are stored to the recorder, and power comes from an external battery pack. A variety of options are available to achieve your required combination of deployment length and sampling interval.

The AWAC software is used to configure the instrument for deployment, retrieve the data and convert all data files to ASCII, and view all the measured current profiles and wave data. In order to calculate the wave parameters, the non-graphical "Quickwave" software will generate ASCII files with all the interesting wave parameters, "Storm" gives you several graphical views of the processed data, and "SeaState" provides online information.

As the plotted time series indicates, both the AWAC's pressure and AST time series capture the long waves. The notable difference is that the AST is capable of measuring the shorter waves superimposed on the longer waves. The AST advantage becomes more relevant and clear as the deployment depths become greater.

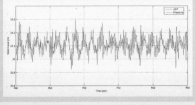

NORTEK AS

www.nortek.no

Courtesy of Nortek AS, Norway.

Specifications

System

Acoustic frequency	IMHz or 600kHz
Acoustic beams	4 beams, one vertical, three slanted at 25°
Operational modes	Stand-alone or online monitoring

Current Profile

Maximum range	30m (IMHz), 50m (600kHz) (depends on local conditions)
Depth cell size	0.4 – 4.0m (IMHz) 0.5 – 8.0m (600kHz)
Number of cells	Typical 20–40, max. 128
Maximum output rate	Is

Velocity measurements

Velocity range	±10m/s horizontal, ±5m/s along beam
Accuracy	1% of measured value ±0.5 cm/s

Doppler uncertainty

Waves	3.5cm/s at IHz for 2m cells
Current profile	Icm/s (typical)

Wave measurements

Maximum depth	40m (IMHz), 60m (600kHz)
Data types	Pressure, one velocity cell along each slanted beam, AST
Sampling rate (output)	IHz/2Hz standard, 2Hz /4Hz AST (IMHz), IHz standard, 2Hz AST (600kHz)
No. of samples per burst	512, 1024, or 2048

Wave estimates

Range	-20 to +20m
Accuracy/resolution (Hs)	<1% of measured value/Icm
Accuracy/resolution (Dir)	2° / 0.1°
Period range	0.5-30sec

Depth (m)	cut-off period (Hs)	cut-off period (dir.)
5	0.5 sec	1.5 sec
20	0.9 sec	3.1 sec
60	1.5 sec	5.5 sec

Sensors

Temperature	Thermistor embedded in housing
Range	–4°C to 40°C
Accuracy/ Resolution	0.1°C/0.01°C
Time constant	<10 min
Compass .	Flux-gate with liquid tilt
Accuracy/Resolution	2°/0.1° for tilt <20°
Tilt	Liquid level
Accuracy/Resolution	0.2°/0.1°
Up or down	Automatic detect
Maximum tilt	30°
Pressure	Piezoresistive
Range	0–50m (standard)
Accuracy/Resolution	0.5% of full scale/ Better than 0.005% of full scale per sample

Transducer configurations

Standard	3 beams 120° apart, one at 0°
Asymmetric	3 beams 90° apart, one at 5°

Data Recording

Capacity (standard)	2 MB, expandable to 26/82/154MB
Profile record	Ncells×9 + 120
Wave record	Nsamples×24 + 46

Data Communication

I/O	RS232 or RS422
Baud rate	300–115200, inquire for IMBit
User control	Handled via "AWAC" software, NIPtalk or ActiveX® controls

Power

DC input	9–16VDC
Peak current	2A
Power consumption	see AWAC software

Offshore Cable

The Nortek offshore cable can, when properly deployed, withstand tough conditions in the coastal zone. In RS422 configuration, cable communication can be achieved for distances up to 5km.

NORTEK AS
Vangkroken 2
NO-1351 Rud
Norway
Tel: +47/ 6717 4500
Fax: +47/ 6713 6770
E-mail: inquiry@nortek.no

青岛诺泰克测量设备有限公司
地址: 中国青岛香港西路65号
汇融广场1302
邮编: 26607I

Tel: 0532-85017570, 85017270
Fax: 0532-85017570
E-mail: inquiry@nortek.com.cn

NortekUK
Mildmay House, High St.
Hartley Wintney
Hants. RG27 8NY
Tel: +44- 1428 751 953
Fax: +44- 1428 751 533
E-mail: inquiry@nortekuk.co.uk

NortekUSA
222 Severn Avenue
Suite 17, Building 7
Annapolis, MD 21403
Tel: +1 (410) 295-3733
Fax: +1 (410) 295-2918
E-mail: inquiry@nortekusa.com
www.nortekusa.com

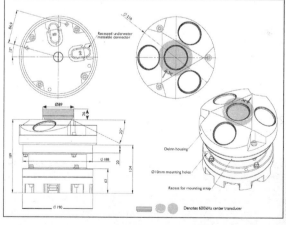

Denotes 600kHz center transducer

Courtesy of Nortek AS, Norway.

参 考 文 献

[1] S. H. Salter, "Wave power," *Nature*, 1974.

[2] G. Boyle, Ed., *Renewable Energy - Power for a Sustainable Future*, 2nd ed.

[3] S. H. Antonio Luque, *Handbook of Photovoltaic science and engineering*. Wiley, 2003.

[4] J. Falnes, *Ocean waves and oscillating systems*. Cambridge: Cambridge University Press, 2002.

[5] I. R. Young, *Wind generated ocean waves*. Oxford: Elsevier, 1999.

[6] R. H. Stewart, *Introduction To Physical Oceanography*. Texas A & M University, 2007.

[7] A. ARNTSEN, "Linear wave theory - part a," NTNU, Tech. Rep., 2000.

[8] C. for Renewable Energy Sources (CRES), "Wave energy utilization in europe: current status and perspectives," Centre for Renewable Energy Sources (CRES), Tech. Rep., 2002.

[9] J. Cruz, Ed., *Ocean wave energy: current status and future perspectives*. Springer, 2008.

[10] A. Muetze and J. G. Vining, "Ocean wave energy conversion - a survey," *Proc. of ASME Conference Forty-First IAS Annual Meeting*, 2006.

[11] A. Clement, P. McCullen, A. Falcao, A. Fiorentino, F. Gardner, K. Hammarlund, G. Lemonis, T. Lewis, K. Nielsen, S. Petroncini, M. Pontes, P. Schild, B. O. Sjostrom, H. C. Srensen, and T. Thorpe, "Wave energy in europe: current status and perspectives," *Renewable and Sustainable Energy Reviews*, 2002.

[12] A. d. O. Falco, "Design and construction of the pico owc wave power plant," *Proc. of the 3rd European Wave Energy Conference*, 1998.

[13] F. Neumann, A. Brito-Melo, E. Didier, and A. Antnio Sarmento, "Pico owc recovery project: Recent activities and performance data," *Proc. of the 7th European Wave and Tidal Energy Conference*, 2007.

[14] I. Le Crom, A. Brito-Melo, F. Neumann, and A. Sarmento, "Numerical estimation of incident wave parameters based on the air pressure measurements in pico owc plant," *Proc. of the 8th European Wave and Tidal Energy Conference*, 2009.

[15] T. Heath, T. Whittaker, and C. Boake, "The design, construction and operation of the limpet wave energy converter (islay, scotland)," *Proc. of the Fourth Wave Energy Conference*, 2000.

[16] H. Polinder, M. E. C. Damen, and F. Gardner, "Linear pm generator system for wave energy conversion in the aws," *IEEE Transaction on Energy Conversion*, 2004.

[17] M. G. de Sousa Prado, F. Gardner, M. Damen, and H. Polinder, "Modelling and test results of the archimedes wave swing," *Proc. of the Institution of Mechanical Engineers, Part A: Journal of Power and Energy*, 2006.

[18] H. Polinder, M. A. Mueller, M. Scuotto, and M. G. de Sousa Prado, "Linear generator systems for wave energy conversion," *Proc. of the 7th European Wave and Tidal Energy Conference*, 2007.

[19] D. J. Pizer, C. Retzler, R. M. Henderson, F. L. Cowieson, M. G. Shaw, B. Dickens, and R. Hart, "Pelamis wec - recent advances in the numerical and experimental modelling programme," *Proc. of the 6th European Wave and Tidal Energy Conference*, 2005.

[20] R. Yemm, R. Henderson, and C. Taylor, "The opd pelamis wec: current status and onward programme," *Proc. of the 4th European Wave Energy Conference*, 2000.

[21] J. Cruz, Ed., *Ocean wave energy: current status and future perspectives.* Springer, 2008.

[22] AA.VV., "Pelamis p-750 wave energy converter," Pelamis Wave Power, Tech. Rep., 2010.

[23] L. Hamilton, "Aws mk ii deployment, monitoring and evaluation of a prototype advanced wave energy device," AWS Ocean Energy Ltd, Tech. Rep., 2006.

[24] S. H. Salter, D. C. Jeffrey, and J. R. M. Taylor, "The architecture of nodding duck wave power generators," *The Naval Architect*, 1976.

[25] J. Lucas, J. Cruz, S. H. Salter, J. R. M. Taylor, and I. Bryden, "Update on the modelling of a 1:33 scale model of a modified edinburgh duck wec," *Proc. of the 7th European Wave and Tidal Energy Conference*, 2007.

[26] J. Lucas, S. H. Salter, J. Cruz, J. R. M. Taylor, and I. Bryden, "Performance optimisation of a modified duck through optimal mass distribution," *Proc. of the 7th European Wave and Tidal Energy Conference*, 2007.

[27] S. H. Salter, "Recent progress on ducks," *IEE Proc.*, 1980.

[28] S. Salter, "The use of gyros as a reference frame in wave energy converters," *The 2nd International Symposium on Wave Energy Utilization*, 1982.

[29] ——, "Power conversion systems for ducks," *IEE Proc.*, 1979.

[30] G. Bracco, E. Giorcelli, and G. Mattiazzo, "One degree of freedom gyroscopic mechanism for wave energy converters," *Proc. of the ASME IDETC/CIE 2008*, 2008.

[31] ——, "Experimental testing on a one degree of freedom wave energy converter conceived for the mediterranean sea," *Proc. of the TMM 2008*, 2008.

[32] G. Bracco, E. Giorcelli, G. Mattiazzo, M. Pastorelli, and J. Taylor, "Iswec: design of a prototype model with a gyroscope," *Proc. of the ICCEP*, June 2009.

[33] J. R. M. Taylor, M. Rea, and D. J. Rogers, "The edinburgh curved tank," *Proc. of the 5th European Wave and Tidal Energy Conference*, 2003.

[34] G. S. Payne, J. R. M. Taylor, T. Bruce, and P. Parkin, "Assessment of boundary-element method for modelling a free-floating sloped wave energy device. part 2: Experimental validation," *Ocean Engineering*, 2007.

[35] A. Spadone, "Progetto e sviluppo di un banco hardware in the loop per l'analisi di sistemi fly by wire," Master's thesis, Politecnico di Torino, 2008.

[36] H. J. K. Shin, K., *Signal Processing for sound and vibration engineers*. Wiley, 2008.

[37] D. Vicinanza, L. Cappietti, and P. Contestabile, "Assessment of wave energy around italy," *Proc. of the 8th EWTEC*, September 2009.

[38] J. Newman, *Marine Hydrodynamics*. The MIT Press, 1977.

[39] G. Payne, "Guidance for experimental tank testing - draft," The University of Edinburgh, Tech. Rep., 23/09/2008.

[40] G. Genta, *Kinetic Energy Storage*. Butterworths, 1985.

[41] M. Beltrame and C. Botto, "Progettazione di un sistema giroscopico per la conversione dell'energia da moto ondoso," Master's thesis, Politecnico di Torino, 2010.

[42] S. G. Modena, "Sistemi elettromeccanici per la conversione dell'energia da moto ondoso," Master's thesis, Politecnico di Torino, 2010.

[43] G. Mattiazzo, S. Mauro, and S. Pastorelli, "A pneumatically actuated motion simulator," *Proc of the 12th World Congress in Mechanism and Machine Science*, 2007.

[44] G. Mattiazzo, S. Pastorelli, and M. Sorli, "Motion simulator with 3 d.o.f pneumatically actuated," *Proc of the Power Transmission and Motion Control Workshop*, 2005.

[45] S. Pastorelli and A. Battezzato, "Singularity analysis of a 3 degrees-of-freedom parallel manipulator," *Proc of the 5th International Workshop on Computational Kinematics CK2009*, 2009.